打造快乐人生的魔法　　练就随心生活的功夫

kuan xin fa

心理学与宽心法

郑荻凡◎编著

“物随心转，境由心生”，我们无法左右事情的发生，
但可以改变自己的心情

心理学有一种魔力，可以让普通的生活变得趣味十足；
宽心如一个魔法，能够让平凡的人拥有难以言说的快乐；
每个人都该上一堂宽心课，让自己的人生从此愉悦从容！

中国纺织出版社

内 容 提 要

人的一生总会经历些风雨，总会遇到些坎坷，如果不能够把控自己的内心，不懂得宽心，那么痛苦和消极就会霸占生活，人生也就失去了阳光和快乐。

本书从心理学角度出发，用朴实的语言阐释宽心做人的重要性。一个胸怀宽阔的人必然是洒脱大度、懂得分享与付出的人，希望通过阅读此书，你可以拥有一颗宽慰的心，懂得看透世间纷繁，让自己远离烦恼，快乐生活。

图书在版编目（CIP）数据

心理学与宽心法／郑荻凡编著. --北京：中国纺织出版社，2016.9（2024.1重印）
ISBN 978-7-5180-2815-3

Ⅰ.①心… Ⅱ.①郑… Ⅲ.①心理学—通俗读物②人生哲学—通俗读物 Ⅳ.①B84-49②B821-49

中国版本图书馆CIP数据核字（2016）第176032号

策划编辑：闫 星　　责任编辑：闫 星　　责任印制：储志伟

中国纺织出版社出版发行
地址：北京市朝阳区百子湾东里A407号楼　邮政编码：100124
销售电话：010—67004422　传真：010—87155801
http：//www.c-textilep.com
E-mail：faxing@c-textilep.com
中国纺织出版社天猫旗舰店
官方微博http://weibo.com/2119887771
北京兰星球彩色印刷有限公司　各地新华书店经销
2016年9月第1版　2024年1月第3次印刷
开本：710×1000　1/16　印张：18
字数：214千字　定价：49.80元

凡购本书，如有缺页、倒页、脱页，由本社图书营销中心调换

前言

人生苦短，我们任何人，穷其一生的时间都在追求两个字——快乐，我们可以说，快乐是来自于心灵的，世间的痛苦和快乐不操纵在别人的手里，而掌握在我们自己的手中，我们是自己快乐与否的决定者。你的心决定你的世界，你的心是快乐的，见到的是一个值得欢欣的世界；你的心满是忧伤，见到的是一个充满悲哀的世界。而人生的快乐，从心灵的广博与丰盈开始。只要我们把心放宽，那么，通往人生的每一条道路都会更加畅快，只要把心宽了，生命中就会多一分大气与豪气，人生中就多了份洒脱与悠闲，方寸之心，便可纳天地。

现代社会，忙碌于钢筋混凝土建筑中的人们，也逐渐意识到应该寻找让自己宽心的良方，它能让我们远离浮躁、遏制欲望、豁达为人、抵制诱惑、戒掉抱怨、笑对逆境，能让我们的心在繁琐的生活之外找到一个依托，能让我们更好地工作，更好地生活，更好地提高自己，修炼自己。

然而，我们都是世俗中的人，要做到这点并不容易，生活太琐碎、工作太忙碌、人际交往太复杂，太多的抗争因素，使得我们的心变得焦躁不安，人们也在努力尝试各种方法，然而，我们需要的并不是那些技巧，而只需要从内心深处开始审视自我，调养心灵，这就是宽心的全部秘密。

要想做到这些，你还需要一个心灵导师，它能引导你抛开世俗的烦恼、帮你发现并接受最本真的自我。而本书就是这样一位导师，跟着它的脚步走，你会逐步找到自己在尘世中的坐标，让自己的心有个归宿。

《心理学与宽心法》以心理学相关知识作为依托，结合我们遇到的实际情况，给出了实用性很强的方法，从而引导人们走出心理误区，在创造的同时不要迷失自我，在寻找自身价值的同时拥有一颗轻盈的心。相信你在阅读完本书后，定会有所收获，也能清除掉那些干扰我们前进的心灵污垢，那么，无论外在世界发生了什么，我们都能以一颗淡然的心来面对，都能做到不骄不躁、得失淡然、去留无意、荣辱不惊，相信你能以积极的心态创造完美人生！

编著者

2015 年 11 月

第01章

心宽路就宽：内心的尺寸决定现实的温度

你会因为别人的一句话而久久不能释怀吗？你会因为一件简单小事而一直郁郁寡欢吗？在情绪面前，有人善于掌握主动权，而有人却是情绪的奴隶。人生绝不会十全十美，所以，我们无须为一件小事耿耿于怀；世界总不能围绕自己而转，所以，我们无须在情绪的雾霾里消沉。从此刻开始，做一个积极乐观的人，做一个宽容大度的人，不要让坏心情遮盖了原本五彩斑斓的青春。

人生或许不完美，但过程可以足够精彩

生命是一种美丽的过程。

只有经历了缺憾，才能珍惜生活的富有！

只有经历了病痛，才知道拥有健康的幸福！

……

请记住，人生没有完美，但是人生会不断呈现美丽的风景。

人生因多了份缺憾，才多了一份追忆，因此也多了一份凄美，让我们在生命旅程中去感受那一份美丽的同时，在前方长长的路上不再放过每一处的风景，洒下一路的欢歌与笑语。

有个信徒请教大龙禅师：“有形的东西一定会消失，世上有永恒不变的真理吗？”

大龙禅师回答：“山花开似锦，涧水湛如蓝。”

“山花开似锦”是说山上开的花，美得像锦缎似的，虽然转眼即会凋谢，但仍不停地奔放绽开。“涧水湛如蓝”是说溪流深处的水，映衬着蓝天的景色，溪面却静止不变。

这句话描述的情景有如一幅美妙的山水画，隐寓着世界本身就是美的，但稍不经意，就将流逝消失。生命的意义在于生的过程。

无论花开得如何灿烂，也注定要凋落，山花却不因为要凋谢而不蓬勃开放，清清的涧水也不因其流动而不影印蓝天。

所以，我们不要去担心未来或是死亡，人生是否过得完美，只要走好现在的每一步，把握现在拥有的每一分钟，生命过程本身就是美丽的。

人，活在世上，总是在自觉不自觉地追求完美，完美的学业、完美的事业、完美的爱情、完美的婚姻，甚至完美的身材、完美的容颜……

人生于我们，就像一幅画，我们总是希望用自己手中的笔，按照自己的意愿把它画得最为亮丽，最为精彩。为了这份完美，我们追求着，拼搏着，付出着……而生活，却似乎永远不会那么善解人意，你需要红色，它偏偏为你呈现绿色；你渴望明亮，它偏偏为你展现阴暗；你渴望重彩，它偏偏赐你淡墨……

事实上，人生，从来就没有百分百的完美，就像月亮不会常圆，宇宙不会永远是白昼。静下心来，细细体会，月圆是一种清丽的美，月缺何尝不是一种婉约的美？白天是一种奔放的美，夜晚何尝不是一种宁静的美？

人生，没有百分百的完美，生命于我们，只不过是一个过程，完美也好，有一点缺憾也罢，这一路走来，重要的是我们欣赏到了沿途的风景。当有一天回过头来，我们不会为错过了而遗憾，更不会为停滞不前而悔恨。

人生，没有百分百的完美，或许，缺憾也是另一种美，维纳斯正因为缺少了一条胳膊，才更具引人遐想的魅力；震惊中外的舞蹈《千手观音》，正因为它是由残疾人演绎，才更让人感动与震撼。

所以，在我们追求的过程中，不必太苛求自己，也不必为不能拥有而抱怨、叹息。

当你拥有幸福爱情的时候，不妨想一想，还有多少人终其一生都在寻找？当你拥有健康的时候，不妨想一想，还有多少人在病痛中呻吟？当你拥有美满婚姻的时候，不妨想一想，还有多少人在围城里悄悄落泪？当你拥有富裕生活的时候，不妨想一想，还有多少人在温饱线上挣扎？

宽心策略

人生没有百分百的完美，或许，唯有缺憾的人生，才算是真正的人生。

那么，为自己的目标一直向前吧，奋斗过，努力过，就不后悔。坦然面对一切的缺憾，努力让自己的人生更完美，这，或许也应该是我们永远的追求吧！

心，永远微笑向暖！不断前进，追寻最美的风景。

给自己合理的定位，发现自己的优势

这个广阔无垠的大地上，生存着性格迥异的不同人群。有人自卑怯懦，也有人自信满满；有人自负自大，也有人自立自强……每个人都是不同的个体，独一无二的存在，没有完美，但是每个人身上却具有着不同的闪光点。对于自己来说，要有一个合理的定位，不要自傲自大，但也不要自卑堕落。我们要懂得经营自己的长处，不要揪住自己的短处不放。完善自己，相信自己，这样才会收获最美的人生。

自卑的人，往往会用别人的长处来比较自己的短处，把自己比得一无是处，总以为自己比不上人家。反而对自己的内心造成了巨大的心理障碍，把自己封闭起来。他们缺乏做人的勇气，不敢直面人生，遇到挫折就一蹶不振。如果这样的事情一直恶性循环的话，多少希望、前途都将毁于一旦。所以，我们必须得战胜这种心理问题，战胜自我，要做个生活中的强者。

自卑能使人萎靡不振，自我灭亡；自负则是自以为是，不听取任何人的建议，不思进取；唯有自信，自强，才能不断超越，不断前进。因此我们要自强自信，只有这样，我们才会在自己的人生道路上越挫越勇，努力前进。

出身于普通工人家庭的卡丝·黛莉，很有唱歌的天赋，她自小就想成为一名歌手，只可惜，她的相貌令她沮丧——嘴大牙暴。在她第一次当众演唱的时候，一直想把上唇朝下撤，好盖住露出来的门牙。结果，弄巧成拙，越想掩饰越不自然，也就愈加丑陋，最后连她自己都觉得无地自容，她含泪走下了舞台。

一位很欣赏她音质的老歌唱家对她说："你的音色不错，可看了你的表演，我知道你想掩饰什么，你是不喜欢自己的那口牙！"她听了后，更是格外伤心，于是大哭了起来。"孩子，莫哭！"老歌唱家说，"嘴大牙暴又有什么关系呢？张开你的嘴巴，放开你的胆子唱吧。只要你自己不引以为耻，那么，观众就会喜欢你的。或许，这口牙还会给你带来好运呢！"

黛莉接受了这位好心人的劝告。从此她关心的不再是自己的牙齿，而是听众。她放开喉咙，尽情地唱，开心地唱，唱出了自己的真情实感，她动情的歌声感动了听众，人们逐渐认识她、喜欢她，她终于成功了，成了一名著名的歌手。

是的，黛莉很有唱歌的天赋，这就是她最大的长处，而她的嘴大牙暴却令她自卑。黛莉只看到自己的缺点，一味想去掩盖去逃避，反而让缺憾盖住了自己最美丽的歌声。我们每个人的生活中又何尝没有类似的问题呢？我们都不是完美的，或多或少存在着瑕疵，但是我们要学会克服，学会走出阴影，学会发现自己的美，这样才能让自己的人生更加积极阳光。

宽心策略

合理定位自己，实现自信人生主要从以下几点来考虑。

第一，认识自我，了解自我。“我们最大的敌人不是别人，而是自己。”我们的自己常常成为自己成功最大的绊脚石，很多时候，我们失败了，而最主要的原因往往来自于我们自身，是我们自己拉了自己的后腿。要让我们不拉自己的后腿，就必须认识自我，了解自我，认清自己的优点和缺点，充分利用自己的优点，避开自己的缺点，改正自己的缺点。

第二，善于发掘自己的长处。每个人都有自己的长处和短处，就拿学生的学习来说，如果一门科目很好的话，自然对自己有了信心，其他科目也会受其影响有显著的进步。比如有的同学数学不好，但乐感强，听到一首歌之后，很快就能把音调记下来，起初可能是喜欢这首曲子，又因记忆力好，同时对音乐的节奏和音调有极灵敏的感受力，因此不费力就能背下来，若能意识到自己这一优点，并将其用在学习其他科目上，一定会取得进步。由此可见，当对自己的学习失去信心的时候，更应该去发掘自己的其他特长，以找到恢复自信的办法。

第三，建立自信。没有自信，就算是身上有闪光点，估计自己也不会意识到。建立自信心是挖掘自身长处的一个重要前提。建立自信的具体方法：首先要敢于挑前面的位子坐。你是否注意到，无论在上课、开会或各种聚会中，后排的座位是怎么先被坐满的吗？大部分占据后排座的人，都希望自己不会“太显眼”。而他们怕受人注目的原因就是缺乏信心。坐在前面能建立信心。把它当作一个规则试试看，从现在开始就尽量往前坐。当然，坐前面会比较显眼，但要记住，有关成功的一切都是显眼的。其次要练习正视别人。一个人的眼神可以透露出许多有关他的信息。某人不正视你的时候，你会直觉地问自己：“他想要隐藏什么呢？他怕什么呢？他会对我不利吗？”不正视别人通常意味着：在你旁边我感到很自卑；我感到不如你；我怕你……建立自信从点滴小事开始，从身边做起，加油吧。

在自己的强项上也要努力，否则你会退步

有这样一个故事值得大家深思：

古时候，有个小孩叫方仲永，出生在一个农人家庭。他家里祖祖辈辈都是种田人，没有一个文化人。他长到5岁了，还从未见过纸墨笔砚是个什么模样。

可是有一天，方仲永突然哭着向家里人要纸墨笔砚，说想写诗。他父亲感到十分惊讶，马上从邻居那里借来笔墨纸砚，方仲永拿起笔便写了4句诗，而且还给诗写了个题目。同乡的几个读书人知道了这件事，都跑到方仲永家来看，一致认为他写得不错。于是这件事很快传开了，知道的人不免个个称奇。

从此，方仲永家热闹起来，经常有人来家玩，有的当场出题要小仲永作诗。小仲永不论什么题目，都能立刻成诗，而且内容深刻雅致，文采绚丽多姿，得到众人赞赏。

不久，方仲永的天生奇才传到了县里，引起了很大轰动，人们都认为他是个神童。县里那些名流、富人十分欣赏方仲永，连他父亲的地位也随着提高了不少。那些人对方仲永的父亲另眼相看，还经常拿钱帮助他。这样一来，方仲永的父亲便认为这是件有利可图的好事情，于是放弃了让方仲永上学读书的念头，而是每天带着方仲永轮流拜访县里的那些名流、富人，找机会表现方仲永的作诗天才，以博得那些人的夸赞和奖励。

这样一来，神童渐渐才思不济，久而久之，由于只一味凭着一点“天才”而没有后天的再学习，方仲永终至每况愈下。到十二三岁时，作的诗比以前大为逊色，前来与他谈诗的人感到很是失望。到了二十岁时，他的才华已全部消失，跟一般人并无什么不同，人们都遗憾地摇着头，可惜一个天资聪颖的少年终于变成了一个平庸的人。

仲永堪称是一个奇才，可是最后却也败在了自己的优势上。本可以凭借自己的才华继续努力得到更好的发展，却因为后来父亲的功利心断送了大好的前

程。自身的优势可以让你比别人更为轻松地获取成功，可是如果你沉溺于自己的优势里，不思进取，骄傲自大，那么优势将会成为你的绊脚石，有朝一日会把你狠狠地摔在地上。

此外，还有这样一个故事也告诉人们什么叫做跌倒在自己的优势上。

三个旅行者同时住进了一个旅行社。早上出门时，一个旅行者带了伞，另一个旅行者带了一个拐杖，第三个旅行者什么也没有拿。

晚上回来的时候，拿伞的旅行者淋得浑身是水，拿拐杖的旅行者跌得浑身是伤，而第三个旅行者却安然无恙。

拿伞的旅行者说："当大雨来的时候，我因为有了伞，就大胆地在雨中走，却不知怎么淋湿了。当我走在泥泞路上的时候，我因为没有拐杖，所以走得非常小心，专拣平坦的地方走，所以就没有摔伤。"

拿拐杖的说："当大雨来临的时候，我因为没有带雨伞，便拣能躲雨的地方走，所以没有淋湿。当我走在泥泞路上的时候，我便用拐杖拄着走，却不知为什么常常跌倒。"

第三个旅行者听后，笑道："当大雨来临时，我躲着走，当路不好时，我小心走，所以我没有淋湿，也没有跌倒；你们的失误在于你们有凭借的优势，认为有优势便少忧患。"

宽心策略

以上的故事，揭示了我们生活中的一类现象：许多时候，我们不是跌倒在自己的缺陷上，而是跌倒在自己的优势上。

可是，到底怎样做才能让自己更好地发挥优势，避免受它的牵绊呢？

第一，自己在意识上一定要重视事情的各个方面，每一个方面，每一个细节；不要因为它影响小，就轻视它，不要因为它简单，就轻视它，不要因为它从来没发生过问题，就轻视它。意识上不能有一点疏漏；哪里有疏漏，哪里就有可能被"病毒"侵入。所以，我们在生活和工作，都需要认真对待每一件事，重视每一个细节。可以做不到，但不能意识不到。

第二，避免骄傲自大。被自己的优势绊倒这个问题和自己内心过于轻视、骄傲自大是有很大关系的。总是觉得自己某些方面很强，从而掉以轻心，忽视了不断学习强化自己的过程，所以最终败给了自己。朋友们，不论自己有多优秀，我们也要懂得谦虚做人。骄傲是自己的天敌，不断学习才能获取更大的成功。我们要学会合理利用自己的优势，不断强化自己，把优势发挥到更高的水平，而不是依赖它，把优势变成阻挡你前进的绊脚石。

让过去的过去，不要沉溺于后悔的情绪中

我们应该懂得，行走于漫长而又短暂的人生之中，过往的岁月是无法重新来过的。所以对我们任何人来说，不管你之前是多么的成功或是多么的失败，都要记住：任往事随风而逝吧，不要沉溺于无尽的后悔或是深深的追忆里。任何人都会犯错，都会经受失败的痛苦。所以，不要和自己过不去，我们要学会用新的视角去面对以后的人生，让往事渐渐逝去吧。

前方的风景更加迷人，我们不要为过去的事情而悔恨、消极，要往前看。昨日已经过去，我们无法去改变，那么唯一能做的就是过好现在的每一分钟，珍惜当下，展望未来。一旦我们在心中埋下了失败的种子，它也必定会长成一棵足以遮蔽今天和明天的大树，让当下的我们不敢去奋斗，让明天的我们永远无法取得辉煌和成功。

比尔·盖茨这样教育自己的儿女：不要总是想着回头看，人生更漫长的道路是在前面。一味往后看，就还会在同一个地方摔倒。无数事实已经证明了比尔·盖茨

的观点，只要你坚持不懈地去努力，就能走出一条属于自己的康庄大道。而总是把精力放在后悔过去的所作所为上的人，永远不可能有一个灿烂的明天。

下面这个故事相信会给你带来很大的启发。

诸宸在下棋之余，还是个多才多艺的人，文章写得很好，绘画也有一些功底，她说："棋手要下好分内的棋，这是职责；棋手又要下好分外的棋，这是人生。"因此，1995年，当清华大学的大门对诸宸敞开时，她毫不犹豫地选择了中文系。后来，她又带着4年的中文学分，转到了经济管理系。可以说，诸宸走得一路风光，似乎有点太顺了。也许，上帝因此想给她一些磨砺。

2000年12月在印度举行的世锦赛上，诸宸碰上了来自美洲大陆的冠军L.KRUSH（读音同crush），译成汉语为：我摧毁——我要摧毁你！这个名字是那样杀气腾腾，而为人、棋风一向都"和气"的诸宸却没当一回事，念着这个过于直露的名字，她甚至还笑了起来。可没想到，刚进第二盘，她就缴了械，在全部比赛的第一轮就被彻底淘汰出局了。

十多年来，诸宸经历过各式各样的比赛场面，但没有一次像这次输得这么窝囊。坐在棋桌前半晌，她才站起来，口中念念有词："L.KRUSH"——"KRUSHL."（"我摧毁"——"摧毁我"）。此后，从国外到国内，从2000年到2001年，差不多半年，她一直在咀嚼着印度闷湿的天气，还有那场仿佛还没整理好行装就溃不成军的败仗。她的心里脆弱到不敢轻易去触摸自己最亲爱的国际象棋。

又一次，诸宸坐在清华校园里上课，经济管理专业的老师讲了一个概念：沉没成本。比如你去看电影，发现票忘带了，你应该重新买一张而不是再回去找。因为前边你的一切准备都已经成了"沉没成本"，不要把它浪费掉。由这些道理推及下棋，你可能下了一步臭棋，但这已属于"沉没成本"了，只要静下心来，就算输掉也不要紧，一个比赛有十来盘棋呢，不要影响下一盘棋。诸宸把这些道理数十遍地融会贯通，终于走出了失败的阴影，让自己放松。2001年9月，她重新"整装出发"后，在几次国际赛事中连创佳绩，最辉煌的是在2001年12月的女子世界锦标赛上，荣膺自1927年第一届女子世锦赛以来的第九位世界冠军，并圆了她的大满贯梦，成为世界上第一位集世界少年、青年、成年冠军和世界团体冠军于一身之人。

走在人生路上，我们也经常会有下错棋的时候，不要再浪费时间沉溺于后悔之中了，就像诸宸一样，毅然把“沉没成本”垫在脚下吧，那样我们一定能攀登到更新的高度。

著名科学家诺贝尔在做实验的过程之中就经历过无数的失败，但是他没有把眼光放在自己曾经的失败之上，而是从中吸取经验教训，在每一个正在进行的实验之中更加仔细地去研究。1864年9月3日，在一次实验之中，诺贝尔因为一个小错误而引发了硝化甘油的爆炸，他的实验室在一瞬间被炸毁，五位助手当场死亡，其中还有他的弟弟奥斯加。但是诺贝尔并没有把自己的精力放在为这些已经发生的事情后悔上，他的决心和信念丝毫没有动摇。诺贝尔明白，错误是属于过去的，现在能够做的就是尽量不去犯同样的错误，把握住现在才是进步。

最终，在经过上百次失败的教训之后，诺贝尔终于发明了雷管。

宽心策略

昨天已经是个过去式。我们在成长的过程之中，会经历无数的现在变成过去的过程。所以，就更没有必要去为过去而后悔。因为当下所经历的事情，才最具有现实意义。

不管是成功的喜悦还是失败的懊悔，那些都已经随着时间而流逝。不要为过去的事情后悔，把握住现在才能创造出辉煌的明天。

对他人的原谅和宽容，也会让自己释怀

我们何必纠结于一件事而久久不能释怀？我们何必长期沉溺在痛苦中无法自拔？“生气是拿别人的错误惩罚自己”，或许在你释怀原谅他人的那一刻，你正好也是解放了自己。“一笑泯恩仇”，生活中总不免有磕磕碰碰，可是何必事事挂怀呢？因此，当你遇到摩擦的时候，自己去静一静；当你遇到摩擦的时候，要放宽自己的内心；当你遇到摩擦的时候，一笑带过。也许事后你会觉得事情没那么夸张，放开自己，学会原谅，让宽容的心去容纳更多的美好，抛弃一切的烦恼。

春秋时，齐襄公被杀后，公子小白和公子纠为争夺王位而战。鲍叔助小白，管仲助纠。双方交战中，管仲曾用箭射中了小白衣带上的钩子，小白险遭丧命。后来小白做了齐国国君，即齐桓公。

齐桓公执政后，任命鲍叔为相国。可鲍叔心胸宽广，有知人之明，坚持把管仲推荐给桓公。他说：“只有管仲能担任相国要职，我有五个方面比不上管仲：宽惠安民，让百姓听从君命，我不如他；治理国家，能确保国家的根本权益，我不如他；讲究忠信，团结好百姓，我赶不上他；制定礼仪，使四方都来效法，我不如他；指挥战争，使百姓更加勇敢，我不如他。”齐桓公也是宽容大度的人，不记射钩私仇，采纳了鲍叔的建议，重用管仲，任命他为相国。管仲担任相国后，协助桓公在经济、内政、军事方面进行改革，数年之间，齐转弱为强，成为春秋前期中原经济最发达的强国，齐桓公也成就了“九合诸侯，一匡天下”的霸业。

假如没有齐桓公的大度和信任，管仲可能像许多人一样淹没在历史的浩瀚中了。假如没有管仲的辅佐，齐桓公也可能就成不了霸主，只能做一个默默无闻的君主。是桓公成就了管仲，还是管仲成就了桓公，谁能说得清楚呢！但是其间不可否认的是这种一笑泯恩仇的精神，这种不斤斤计较、宽容大度成就伟业的气魄。

毕业于哈佛大学的经济学家萨缪尔森曾获诺贝尔经济学奖，他主张人们在交往中应当多一些体谅而非责难。

包布·胡佛是一位著名的试飞员，并且常常在航空展览中做飞行表演。一天，他在圣地亚哥航空展览中表演完毕后飞回洛杉矶。正如《飞行》杂志所描写的，在空中300米的高度，两个引擎突然熄火。由于技术熟练，他操纵了飞机成功着陆，但是飞机严重损坏，所幸的是没有人受伤。

在迫降之后，胡佛的第一个行动是检查飞机的燃料。正如他所预料的，他所驾驶的第二次世界大战时的螺旋桨飞机，居然装的是喷气式飞机燃料而不是汽油。

回到机场以后，他要求见见为他保养飞机的机械师。那位年轻的机械师为所犯的错误极为难过。当胡佛走向他的时候，他正泪流满面。他造成了一架非常昂贵的飞机的损失，差一点还使3个人失去生命。

你可能以为胡佛必然大为震怒，并且预料这位极有荣誉心、事事要求精确的飞行员必然会痛斥机械师的疏忽。但是，胡佛并没有责骂那位机械师，甚至没有批评他。相反的，他用手臂抱住那个机械师的肩膀，对他说："为了表示我相信你不会再犯错误，我要你明天再为我保养飞机。"

我们平时大概会习惯责骂他人的错误，尤其是当他们的错误对我们的生活产生了不利的影响时，我们可能会因此而失控。当怨恨之情占据我们的心灵，辱骂就会随之而来。但若细想一下便会发现，辱骂除了让我们的情绪变坏外别无所获，有时甚至会越骂越糟，导致双方关系的破裂或留下伤痕。因此，无论怎样比较都会发现原谅是一个有益的选择。学会原谅，学会宽恕，那么人生或许会轻松许多。

宽心策略

第一，要懂得掌握原谅的标准。要懂得分清是非，正确处理发生的问题，哪些应采取原谅的做法，哪些不可以原谅。要明白原谅、忍让不等于没有原则，不是放弃批评与反抗。对小是小非、没有严重后果的个人冲突、无意的损伤等尽可能不要计较，要加以忍让与原谅。对影响友谊与集体荣誉、会造成较大损害或故意做出的破坏行为等，绝对不可容忍，更不可原谅。但要采取灵活的方式，以诚恳的态度去加以批评、制止。切忌粗鲁简单，不注意场合、分寸，或言辞过激、盛气凌人。这样不利于纠正错误，反会增加抵抗情绪，起相反的作用。

第二，生活中少一点计较，多一份洒脱。他人或许因过失犯下了错，对此，我们要学会给他人改正的机会，少计较，事情过了就算了。每个人都有错误，如果执着于其过去的错误，就会形成思想包袱，不信任、耿耿于怀、放不开，限制了自己的思维，也限制了对方的发展。

总之，心宽一点，学会原谅，学会释怀，那么你的幸福就会多一点，快乐也会多一点。

抛开嫉妒，用有限的时间提升自己

我们虽然不是最完美的，但是我们要记得把自己的心灵小屋打扫得最纯净、最美好。一个拥有澄澈的内心的人，比那些一味的追求功利和欲望的人更让人尊重和爱戴。我们要学会宽容，懂得去爱别人，这样也会受到他人的喜爱与欢迎。如果我们被嫉妒的心理侵蚀，那么我们会变得自私冷漠，渐渐也就会失去自己，失去朋友。嫉妒是成功的一大绊脚石，长久下去，它会让我们的心灵变得灰暗而可怕。所以远离嫉妒吧，放宽自己的内心，对他人多一份热爱，多一份包容。与其让自己在嫉妒中消沉，不如早早走出泥沼，提升自己，凭借自己真正的实力去超越他人。

下面几个故事，将会告诉大家嫉妒会给自己带来多大的危害。

古时候有个陶匠，他非常妒忌油刷匠。于是他去跟皇帝说，让油刷匠把大象洗干净吧，他可以洗成白色的。皇帝就让油刷匠去把大象洗成白色。油刷匠说，我可以把大象洗成白色，但我需要一个大缸，好把大象放进去洗。于是陶匠就不得不领命去做大缸。但是大象太重了，每当大象踏进那缸，缸就马上碎掉。于是陶匠只能一次又一次不停地做大缸……

这个故事中的陶匠，出于嫉妒，想去陷害别人，可是却把自己陷入了无尽的麻烦之中，最终也没有达到目的，可见，嫉妒是多么可怕的一种心理。

有一个人，非常嫉妒他的邻居，他的邻居越是高兴，他越是不高兴；他邻居的生活过得越好，他越是不痛快；每天都盼望他的邻居倒霉，或盼望邻居家着火，或盼望邻居得什么不治之症，或盼望下雨天雷能窜进邻居家，劈死一两个人，或盼望邻居的儿子夭折……然而每当他看到邻居时，邻居总是活得好好的，并且微笑着和他打招呼，这时他的心里就更加不痛快，恨不得给邻居的院里扔包炸药，把邻居炸死，但又怕偿还人命。就这样，他每天折磨自己，身体日渐消瘦，胸中就像堵了一块石头，吃不下也睡不着。

终于有一天他决定给他的邻居制造点晦气，这天晚上他在花圈店里买了一个花圈，偷偷地给邻居家送去。当他走到邻居家门口时，听到里面有人在哭，此时邻居正好从屋里走出来，看到他送来一个花圈，忙说：“这么快就过来了，谢谢！谢谢！”原来邻居的父亲刚刚去世。这人顿觉无趣，“嗯”了两声，便走了出来。

这个故事中的主人就是出于嫉妒，把自己置于心灵的地狱之中，折磨自己。但折磨来折磨去，却一无所得。

一到下雨天，雨伞就得到主人的重用，因此，它过得很快活。可好景不长，雨衣得到了重用，雨伞感到非常失落，对雨衣的态度很快由羡慕变成了妒忌。

一天，雨衣刚工作完，就舒舒服服地躺在一边睡起觉来。雨伞觉得这是个大好的机会，于是就来到雨衣旁，用伞头把雨衣扎了个大洞。干完了这一切，它满意地回到了角落。

又是一个雨天，主人把雨衣拿出来，发现有个破洞很心疼。他于是就用剪刀从雨伞上剪下来一块布，缝在雨衣上。因为主人的手巧，补丁变成了一朵美丽的花，雨衣比以前更漂亮了。而雨伞却被丢在了垃圾箱中哭泣。

这个故事中的雨伞出于嫉妒陷害雨衣，可是它万万没想到的是最终把自己变成了牺牲品。妒忌者的痛苦比任何痛苦都大，因为他既要为自己的不幸而痛苦，又要为别人的幸福而痛苦。

宽心策略

会嫉妒别人，是因为别人在某一方面比你好。生活中总会有那么几个人在某些方面比你好。尺有所短，寸有所长，每个人都有自己薄弱的地方，如果自己薄弱的地方恰好是别人的强项，那么心里肯定会产生不平衡，这个时候嫉妒心理就产生了。嫉妒，不可避免。我们不是圣人，每个人或多或少都会嫉妒别人。嫉妒，并不可怕。可怕的是被嫉妒冲昏头脑，做了错事。那么怎样去改变自己呢？

第一，认识到自身的优势。嫉妒有一部分是因为自卑产生的。自卑实际上就是对自我的认识不清，感觉自己什么都不如别人，什么都不好，产生了自卑心理。一旦自卑，对比别人，就会感觉别人比自己强，别人比自己好，那么就会开始嫉妒别人。所以想要不嫉妒别人，首先要做到的是认清自身的优势，增强自己的信心。

第二，培养豁达的人生态度。人生本是一个大舞台，每个人都有自己适合的角色。人人各有归宿。要勇于承认有些人有比自己更高明更优秀的地方，努力向他们学习，奋发图强，把自我的这种好强个性转化为一种内在竞争机制——一种推动自己勇敢向前的力量，从而在社会中实现自己的价值。

第三，把精力投入到学习中。学会升华嫉妒心理，把它转化为一种动力，每一时期给自己确定一个奋斗目标，并为此努力拼搏，在不断奋进中，不但你会取得很大的进步，嫉妒心理也会烟消云散。

不要在嫉妒中挣扎了，我们要学会在对比中不断提升自己，以一种积极阳光的心态去面对他人，包容他人。

你不快乐，是因为什么?

我们的时代是一个科技迅速发展的时代，是一个精神、物质生活日益丰富的时代。各种新鲜的思想、新鲜的事物不断冲入我们的视野，带来各种各样的生活体验。我们在忙碌，在竞争，在享受，我们似乎没有什么空闲让脚步停下来休憩片刻。

2014年8月11日下午，美国喜剧大师罗宾·威廉姆斯在家中被发现停止了呼吸，警方认为是自杀。很多人直到听到这个噩耗的时候才发现，这位被美国媒体誉为“为美国带来快乐的第一人”和“触动了人类灵魂的每一个元素”的天才演员，却自述曾和抑郁症苦苦搏斗了十几年，还饱受毒品和酗酒困扰。最终他选择自杀，心理问题毫无疑问是一个重要因素——但是，到底是谁偷走了他的快乐?

这是一个奇怪的现象。今天的我们比历史上任何时候都拥有更多的物质财富，更多的政治和经济自由，更多的健康保障，可是焦虑、压力、痛苦和抑郁却前所未有的普遍，甚至直接导致很多人（尤其是年轻人）的自杀。所以，为什么？我们的快乐究竟到哪里去了?

世界卫生组织（WHO）公布的调查结果显示：当前全球的抑郁症患者已

达3.4亿，大约每20人就有1人曾患抑郁症，有13%~20%的人一生中曾有过一次抑郁考验，而抑郁症患者中有10%~15%面临自杀的危险。1999年至2005年间，抗抑郁药稳居全球畅销药品类别的第三位。全球每年用于抑郁症的医疗费用达600亿美元。目前抑郁症在世界上常见的疾病中排第四位，在今后20年，抑郁症将会成为仅次于心脏病的世界第二大疾患。WHO预测，抑郁症将成为21世纪人类的主要杀手。全世界患有抑郁症的人数在不断增长，在未来的日子中，抑郁症的发病率将达到总人口的10%。2005年，发达国家抑郁症患病率为8%～10%。在美国，16%的美国人，即4600万人患有抑郁症。中国目前抑郁症患者超过2600万，抑郁症发病率约为3%~5%，但是其中只有不到10%的人得到治疗。

这些数字令人震惊，震惊过后，理性的探索随之起步：我们为什么会抑郁?

德国基尔大学心理学教授约尔格·阿尔登霍夫曾提出了一个抑郁症产生的模式：有些人患上了抑郁症，因为他们在大脑中继承了“疤痕”，这些“疤痕”可能来自亲情的缺少，来自严重的疾病，或者来自敏感的性格。成年以后，这些“疤痕”会通过特殊的生活经历（例如亲人的死亡、疾病、失败、孤寂等）重新破裂，引起相应的荷尔蒙或神经生物的基础再次活跃起来。“抑郁症”便由此而生。

英国科学家理查德·佩蒂和汤姆·森斯基则用形象的方法来阐述各种因素的综合作用：如果一个人学会了骑自行车，他就很容易把握平衡。即使在大风天气，他也不会轻易失去平衡。然而，如果一只轮胎爆裂了，或者道路很滑，那么他保持平衡的本事就没有了用处，他就会摔倒。在正常情况下，我们的大脑也是保持平衡的，即使其中的一部分运转不完全正确，在一定情况下还可以由大脑的其他部位加以平衡。但如果出现了外部因素（类似于自行车的轮胎爆裂），那就会导致整个体系的失灵，从而产生抑郁症。

抑郁症在西方被称为“心灵感冒”，意思是它像伤风感冒一样是一种常见的疾病，并且能通过人际交往的心理感应活动而“传染”扩散。假如得了抑郁症，人们都应尽快求医，接受治疗，不需要掩饰。

宽心策略

我们需要正视抑郁症，它是每个人都可能得的心理疾病，它不能说明你心胸狭窄，也不能说明你品质低劣或意志薄弱。抑郁症只是一种普通的疾病，与感冒没有什么区别；很重要的一点是，抑郁症是可以治好的。所以，如果你抑郁了，就要告诉自己：我的情绪感冒了，我的情绪现在正在“发烧”，还会“打喷嚏”，现在很痛苦，但只要吃点药就会好的。

另外，抑郁症对你的发展很可能是件好事。它让你陷入反思和内省，治愈后你可能会达到比以前更高的层次。所以，如果你抑郁了，不要认为自己是不幸的。塞翁失马，焉知非福。

远离阴郁，敞开心扉拥抱阳光

人的一生本应该就是充满阳光，积极向上的。生活是五光十色、色彩斑斓的，我们必须学会用心去经营、呵护，避免蒙受抑郁的尘埃。生活中，人们的压力越来越大，我们要懂得放松心情，学会减压；人们的脚步越来越忙碌，我们要懂得放慢脚步，学会休闲。这样才会让生活更为健康和阳光。朋友们，抑郁是人生命中的一大天敌，不仅危及精神健康，还会严重影响我们的身体健康，威力不可小觑。朋友们，珍爱生命，远离抑郁，及早走出人生的雾霾，努力加油，敞开心扉去拥抱更多阳光吧。

以一首《无所谓》走红的歌手杨坤说：“你根本想象不到抑郁症那种身体上巨大的痛苦：胸闷、气短、浑身抽搐。眼睛聚不了焦，看所有东西都是模糊、重叠的。思维特别混乱，经常会走神，但自己感觉不到，三四秒以后才知道别人在说什么。晚上会失眠，睡觉不敢关灯，紧张到身后有一点微小的声音，都会惊出一身冷汗来。最重要的是害怕见人，尤其是陌生人。”

知道自己生病以后，杨坤去看过心理医生，但用处不大，后来他知道，比较严重的抑郁症患者必须靠药物治疗，同时辅助一些其他疗法。

阴暗的天气，杨坤会特意穿上色彩最明亮的衣服，去户外骑马或骑摩托车，跟风对话，那种感觉让人变得年轻、有力气。想清静的时候，去一些特别宽阔的地方，如山里，只要看到绿色，心就能安定下来。没工作的日子，每天中午起床，先喝两大杯白开水；饭后，用半个小时到一个小时消化，走到健身房里，骑车、跑步、游泳、做器械，出了一身汗，烦恼就被抛光了；下午五六点钟结束，叫一帮朋友，或到家里，或在外面吃饭，然后在酒吧里喝点红酒聊聊天。一天特别的充实，完全没时间再抑郁了。

此外，他还把父母接到身边，有什么不开心，跟老人聊聊天，心理垃圾倾倒掉了，也不容易抑郁。

《曾经的你》《在别处》《执着》这些都是许巍的音乐作品，因遇到创作瓶颈等困扰，许巍也患上过重度抑郁症。

许巍患病后，妻子为给他创造一个休养的好环境，把房产变卖，在近郊给他买了一处院落，方便他晒太阳。

患病后，许巍基本不跟朋友联系了，封闭在自己的内心世界中。父亲对此很担心，悄悄拿走了他的电话本，挨个儿给他的朋友们打电话，邀请人家来家里玩。父亲并不知道电话本上的那些名字哪些是他的好友，哪些是泛泛之交，经常遭到别人的冷遇。不过，有些朋友从父亲口中得知他的情况后，二话不说就赶来看他，得到大家的安慰和劝导，他的精神好了许多。

哪里有治疗抑郁症的讲座，许巍的父亲都会风雨无阻地倒好几趟车赶到那里去听，认真地记笔记。一次，他听说夜跑能够缓解失眠的症状，就拉着许巍天天晚上跑步。深夜，寂静无人，大街上只有白发苍苍的父亲陪着他跑步。跑完步，父亲总是让他先洗澡，督促他睡觉，而父亲自己总说不困，就坐在沙发上看电视，其实是经常悄悄推开房间门看看他睡着没有。后来，许巍的失眠治好了，父亲却开始失眠了，晚上一定要跑步之后才能睡着。

宽心策略

其实，抑郁是可以缓解的，也可以消除的，只要我们每一个人多一些关注，多一份努力。个人采用一些切实的自我调适方法也可以有效缓解甚至消除抑郁症状，这其中主要是指轻度或中度的抑郁症状。下面给大家介绍几种自我治疗抑郁症的方法。

第一，要坚持锻炼，特别是在早晨的锻炼。很多抑郁症患者有行动迟缓、邋遢、懒惰的状况，长期下去，这种状况不仅严重损害身体机能，更会加重抑郁症患者的消极、负面情绪。俗话说，一日之计在于晨，早晨的空气可以说是一天当中最清新的，它可以充分调动人体潜能，活化身体细胞，当身体放松了，内心也慢慢就会放松下来，情绪自然就会有一定的缓解。

第二，多参加外出交际。抑郁症患者常表现为情绪低落、自我评价低、认为自己不如他人、什么都做不好等负面症状，这些感受导致他们兴趣匮乏、遇事退缩、减少社交活动、封闭自己，这使得抑郁症者处在恶性循环之中，不断地强化了自我症状。改变这种恶性循环的前提是必须强迫自己走出去，多接触朋友，参加社会活动或出去旅游，尽管开始内心会很痛苦，但是只要坚持一段时间后，负面的情绪感受就会被外部环境慢慢消融，你的自信心就会重燃起来。

第三，整理感受。把自己的感受整理在一个专门的笔记本上，无论是多么荒唐的或者在你认为是可笑的，你所要做的就只是完整地把它整理在笔记本上，不要急于去分析它、认识它，你可以在锻炼或者身心状态有所缓解之后，再去看它，要知道，只是去看不必分析，因为这不是锻炼你分析和认识的能力，你也不缺乏这种能力，你一定会有不同的感受。

第02章

理清生活的头绪：心宽一点人生顺意

现代高速运转的社会让生活中的人们变得忙碌起来，人们总是在不停地奔跑，不停地追逐前方的目标，尽管人们越来越富有，事业越来越成功，但在喧嚣的都市生活中，你是否问过自己：我的心是否累了？我真正需要的到底是什么？也许在这个快节奏的时代，我们真的走得太快了，是该停下脚步的时候了，等一等被我们丢远的心灵。善待心灵才能让自己静下来，在百忙中找到头绪，将事情做得有条有理，才能让一切顺心顺意。

多往宽处想，人生会越来越宽广

细心的人们，你是否发现，在我们生活的周围，有这样两类人：一类人，他们的脸上总是挂着微笑，无论遇到什么事，他们都会积极面对，他们也似乎都有解决的方法，因此，他们生活得幸福、坦然，路也越走越宽；还有一类人，遇事他们总是往坏的一方面想，于是，他们总是感到迷茫，整日郁郁寡欢。那么，你更愿意做哪种人？当然是前者！有句话说得好：“乐观者在灾祸中看到机会，悲观者在机会中看到灾祸。”凡事往宽处想，好运就不会远离。

苏轼《题西林壁》云：“横看成岭侧成峰，远近高低各不同。不识庐山真面目，只缘身在此山中。”看似浅显，其实饱含生活哲理。人人要面对红尘命运中的各种磨难和艰辛，身在其中，心思却能够跳脱其上其外，以那种怀禅的释然，纳海的胸襟，平和的情绪，坦诚面向未来一切莫测的事变，那么尽享祥和的微笑是不言而喻。

有这样一则堪称“神奇”的故事：

曾经有一对年过四十的夫妻，他们在进行年度身体检查时，发现自己患了绝症：妻子得了乳腺癌，丈夫患了严重的动脉血管疾病，医生坦言他们只剩下半年时间了。这简直犹如晴天霹雳，他们原本幸福的生活似乎一下子就要破灭了。

然而，这对夫妻并没有就此在哀怨中生活，他们想了想，还有半年时间，足够他们完成这辈子最想做的事——环球旅行。于是，他们卖掉了他们十年前才还清贷款的房子，并很快就出发了。

在他们的旅行过程中，他们几乎忘记了生病这一回事，格外珍惜每一天，他们仿佛回到了二十年前他们刚结婚的时候，那时候，他们没钱，忙于工作、照顾孩子，但现在他们有机会了，看到他们甜蜜的样子，没有人会想到他们是一对生命即将结束的病人。

五个月后，他们的旅行结束了，按照规定，他们还需要做一次检查，但在看检查结果时，连医生都惊呆了，他发现妻子的癌细胞已经消失，连丈夫的动脉血管阻塞也好了许多，这个结果让医生感到匪夷所思。

后来，医院就这一对夫妇的情况进行了研究，他们认为这是积极的情绪起的作用，快乐的人大脑内会分泌一种安多芬，它会增加体内的淋巴球，进而增强对抗癌细胞的能力，让人重新获得健康。

这简直是个奇迹！因此有人说，心态决定人生，积极乐观的心态是成功的源泉，是生命的阳光和温暖，而消极的心态是失败的开始，是生命的无形杀手。

当人生的不幸来临时，积极的心态是一个人战胜一切艰难困苦，走向成功的推进器。积极的心态，能够激发我们自身的所有聪明才智；而消极的心态，就像蛛网缠住昆虫的翅膀、脚足一样，会束缚人们才华的光辉。

雨后，一只蜘蛛艰难地向墙上已经支离破碎的网爬去，由于墙壁潮湿，它爬到一定的高度，就会掉下来，它一次次地向上爬，一次次地又掉下来……第一个人看到了，他叹了一口气，自言自语："我的一生不正如这只蜘蛛吗？忙忙碌碌而无所得。"于是，他日渐消沉。第二个人看到了，他说：这只蜘蛛真愚蠢，为什么不从旁边干燥的地方绕一下爬上去？我以后可不能像它那样愚蠢。于是，他变得聪明起来。第三个人看到了，他立刻被蜘蛛屡败屡战的精神感动了。于是，他变得坚强起来。

的确，对待同一样事物，几个人的看法不同是很正常的事。就像人也有两面性一样，问题在于我们自己怎样去审视，怎样去选择。面对太阳，你眼前是一片光明；背对太阳，你看到的是自己的阴影。

积极乐观的人生态度，指的就是无论命运给了我们怎样的“礼物”，都不要忘记告诉自己一定要往宽处想，要微笑着看待一切。看开点，生命才能将利于自己的局面一点点打开。在饱受约束的现实生活中，要让心灵快乐地飞翔，我们必须要打开自己的心扉。

日常生活中，丢了钱财，路遇堵车，看起来很倒霉，悲观的人或许会为此懊恼一整天，认为老天对自己不公平，结果心里十分不开心，在工作生活中带着这种郁闷的情绪，对自己有什么好处呢？反过来，把这些不顺心当做生活中的一部分调料，乐观地看待，你或许会有另外一番心情……抱着这样的态度看待生活，还会有什么不开心的事，还会有什么烦恼呢？

有这么一句流行的话：好的情绪带你进天堂，坏的情绪带你住套房，甚至会住进十八层地狱！增强控制情绪的能力，就需要我们做到时时心存感激不忘欣赏生活的美好，保持均衡的生活，让每一天都过得有意义。

有本书上说过：“思想……能令天堂变地狱，地狱变天堂”，其实生活的状态如何、是否快乐和幸福，选择权就在我们自己手中……相信自己能做个乐观的、积极的人，相信自己能做个神采飞扬的人，那么，你看待事物的眼光也会转向积极乐观的一面。

宽心策略

总之，生活中的人们，无论命运把你抛向任何险恶的境地，你都要毫无畏惧，用你的笑容去面对它！而如果你不把挫折拿来当成放弃努力的借口，那么，或许你可以从一个新的角度，来看待一些一直让你们裹足不前的经历。你可以退一步，想开一点，然后你就有机会说：“或许那也没什么大不了的！”

别逼迫自己，过分强求反而得不偿失

生活中，我们常常说，做人做事都要认真、努力，这会使我们更加完美，会不断进步。我们鼓励认真的态度，是为了让自己的人生变得幸福和充实，然而，生活中却有一些人，他们对自己太过苛刻，无论做什么事，他们都要求自己做到百分之百，不允许犯一点小错，不允许生活有一点瑕疵，结果常常因为对自己太过苛求而搞得身心疲惫不堪。其实，有缺憾的人生才是真实的人生，我们固然要有追求完美的态度，但如果过分追求完美，而又达不到完美，就必然会产生浮躁心理。过分追求完美往往不但得不偿失，反而会变得毫无完美可言。

另外，现实生活中，我们也会发现，那些高高在上、看似完美的人似乎没有什么朋友，人们也不愿意与之交往，这就是因为他们用完美给自己树立了一个过分高大的形象，反而让人们敬而远之。

在一次盛大的招待宴会上，服务生倒酒时，不慎将酒洒到了坐在边上的一位宾客那光亮的秃头上。服务生吓得不知所措，在场的人也都目瞪口呆。而这位宾客却微笑着说："老弟，你以为这种治疗方法会有效吗？"宴会中的人闻声大笑，尴尬场面即刻打破了。

借助"自嘲"，这位宾客既展示了自己的大度胸怀，又维护了自我尊严。我们不免对其心生敬意。

然而，生活中就是有这样一些人，他们做事谨小慎微，总是认为事情做得不到位，因而他们太过专注于小事而忽视全局，这主要是因为他们性格上的原因，他们对自己要求过于严格，同时又有些墨守成规。通常情况下，因为他们过于认真、拘谨，缺少灵活性，他们比其他人活得更累，更缺乏一种随遇而安的心态。

他们总有这种表现，他们对自己和他人都要求很严格，如果一件事情没有做到自己满意的程度，那么必定是吃不好也睡不好，总觉得心里有个疙瘩，很不舒服。要知道，我们不会因为一个错误而成为不合格的人。生命是一场球赛，最好的球队也有丢分的记录，最差的球队也有辉煌的一刻。我们的目标是——尽可能让自己得到的多于失去的。

可以说，一个人对自己有高标准的要求是有益处的，它能使我们在正确的轨道上行走。然而，凡事都有度，过度就会适得其反。对自己要求太高，很容易让一个人对自己要求过分苛刻，从而陷入极端状态，比如，当他犯了一点错误时，他便会悔恨不已，甚至会妄自菲薄，贬低自己；那些自控力太强的人则时刻会警惕自己的行为是否得当，他们会比那些凡事淡定的人活得更累。

那么，如果你是一个苛求自己的人，该如何做到自我调整呢?

（1）不要苛求自己。你不要总是问自己，这样做到位吗？别人会怎么看呢？过分在乎别人的看法就是苛求自己，你会忽略自己的存在。

（2）要改变自己的观念。你需要明白一点，世界上没有完美的事，保持一颗平常心并知足常乐，才是完美的心境。换一种新的思路，即尝试不完美。

（3）要改变释放方式。当你心情压抑时，你要选择正确的方式发泄，比如唱歌、听音乐、运动等，并且，你要抱着一种享受的心情发泄，这样，你很快会感受到快乐。

（4）让一切顺其自然。不要对生活有对抗心理，过于较真的人，他们会活得很累，因此在思考问题时要学会接纳控制不了的局面，不要钻牛角尖。

（5）什么事情都会有个度，追求完美超过了这个度，心里就有可能系上解不开的疙瘩。我们常说的心理疾病，往往就是这样不知不觉出现的。对待自己的错误不依不饶的人，总是不想让人看到他们有任何瑕疵，给人的感觉看似开朗热情，其实活得很累。

（6）失败的时候，请原谅自己。想一想，如果你的好朋友经历了同样的挫折，你会怎样安慰他？你会说哪些鼓励的话？你会如何鼓励她继续追求自己的目标？这个视角会为你指明重归正途之路。

德国大文学家歌德曾说：“谁若游戏人生，他就一事无成；谁不能主宰自己，便永远是一个奴隶。”就一般人而言，对自己没有高标准的要求，缺乏自控能力，一般不容易实现自己既定的人生目标，难以获得家庭的幸福和事业上的成功，其情绪容易受外来因素的干扰，使其行为与人生目标反向而行。

宽心策略

因此，我们每个人都要记住，再美的钻石也有瑕疵，再纯的黄金也有不足，世间的万物没有纯而又纯和完美无瑕的，人也不例外。我们每个人都不可能一尘不染，在道德上、在言行上都不可能没有一点错误和不当。人总是趋于完美而永远达不到完美。因此，我们每个人不要对自己和别人作过高的不切实际的要求，我们都不过是凡人。

人生若是到了谷底，也只能走上坡路了

人生旅途漫漫，难免会遇到很多困难甚至是灾难，我们改变不了现状，但可以改变自己的心态，每当你遇到困难时，不妨以此激励自己：“既已这样，事情还能糟糕到哪去！”正如俗语说的那样：天不晴是因为雨没下透，下透了，也就晴了。

在荷兰的阿姆斯特丹市，有一座宏伟的大教堂，它建于15世纪。教堂内有一句很醒目的题词：“事已至此，别无选择。”这句话在告诫世人，当厄

运或不公正的待遇降临到人们头上时，如果无法改变它，就要学会接受它、适应它。

“还有什么比现在更糟糕的呢？”这是一种达观的人生态度。逆境或灾难中，抱着这样一种心态，凡事不焦躁，把一切交给时间处理，能适度保护自己。由此看来，很多情况下，一个人的处世态度，也就是人生观、价值观直接影响着他的人生经历，人生体验。即使出生背景一模一样的两个人，如果人生态度不同，人生历程将会迥然不同。同样，固然人生命运多舛，只要有积极向上的处世态度就能享受成功的快乐，或是品味生活的乐趣。

曾经有个人，他的生活充满不幸。

在他46岁那年，他坐的飞机出了事故，他全身65%以上的皮肤都被烧坏了。无奈之下，他必须进行植皮手术，让他没想到的是，居然做了16次手术，他的脸变成了一块彩色板，并且，他的手指也没有了，也瘫痪了，只能靠轮椅行动。可出乎意料的是，就在六个月后，这个人居然驾机飞上了蓝天。

然而，厄运并没有到此结束。4年后，在一次飞行过程中，他所驾驶的飞机居然失控，然后摔回跑道，而他的12块脊椎骨全部被压得粉碎，腰部以下永远瘫痪。

但即使这样，他也没有消沉，他说：“我瘫痪之前可以做1万种事，现在我只能做9000种，我还可以把注意力和目光放在能做的9000种事上。我的人生遭受过两次重大的挫折，所以，我只能选择不把挫折拿来当成自己放弃努力的借口。”

这位生活的强者，就是米歇尔。正因为他永不放弃努力，最终成为一位百万富翁、公众演说家、企业家，还在政坛上获得一席之地。

看完这个故事，你是否会认为，米歇尔应该是世界上最不幸的了人。的确，一个经受过如此挫折和不幸的人都能成为生活的强者，你又有什么理由做不到呢？

人生苦短，我们确实渺小得如一粒尘埃，但无论生活给予我们怎样的挫折，我们都不能一蹶不振，而应该勇敢地站起来，正如张海迪所说：“即使跌倒一百次，也要一百零一次地站起来。”失败并不可怕，可怕的是一蹶不振，一个人不仅要有天资、勤勉、进取之心，还要有一种经受得住挫折和磨难的韧性，这样才会使人生臻于完善，走向理想的归宿。

曾经有位叫希伯尼的医生，他发现，他能预知哪些癌症病人会痊愈，他只要问癌症病人：“你想活到一百岁吗？”那些对于人生目的有深切理解的病人会说：“当然想。”而这些病人大多数可以痊愈，因为人生有目的就有希望。事实上，任何人的一生都是如此，只要你决定要过一个目的导向的人生，你的生命就会有奇妙的改变。

然而，现实生活中，总有人一味沉溺在已经发生的事情中，不停地抱怨，不断地自责。这样一来，将自己的心境弄得越来越糟。这种对已经发生的无可弥补的事情不断抱怨和后悔的人，注定会活在迷离混沌的状态中，看不见前面一片明朗的人生。之所以这样，是因为经历的磨炼太少。

富兰克林·德拉诺·罗斯福总统39岁时，一场高烧使他染上了小儿麻痹症。这突如其来的灾难差点把他打垮，开始他不肯接受这一残酷而不容改变的事实，不断做着一些无谓的挣扎，结果带给他的是一个又一个无眠的夜晚。终于在经过一段时间的自我斗争后，他无奈地接受了现实，开始以顽强和乐观态度适应它。他下肢瘫痪并从此终生与支架或轮椅相伴，他把这飞来的横祸当成上帝早已预定的命运之约。生理的残疾没有使他性格乖戾和愤世，反而在他此后的生命中的各个时段里，他以乐观和坚强赢得了那些政敌的肯定。

的确，尘世之间，变数太多。事情一旦发生，就绝非一个人的心境所能改变。伤神无济于事，郁闷无济于事，一门心思朝着目标走，才是最好的选择。相反，如果跌倒了就不敢爬起来，就不敢继续向前走，或者就决定放弃，那么你将永远止步不前。

挫折是一种珍贵的资源，也是一种人生的财富。古今中外的理论和实践都证明，挫折教育可以增强人们的适应能力、磨炼意志、形成自我激励机制，这正是你成长所必不可少的“壮骨剂”。

宽心策略

接受现实你才能重新起航。朋友，别以为胜利的光芒离你很遥远，当你揭开悲伤的黑幕，你会发现一轮火红的太阳正冲着你微笑。请用一秒钟忘记烦恼，用一分钟想想阳光，用一小时大声歌唱，然后，用微笑去谱写人生最美的乐章。

人生不能光追求结果，也要享受过程

现代社会，人们抱怨活着真累。而人为什么活得累？就是因为要的东西太多。情感、物质、名利，不但要拥有，还要拥有最好的。于是乎，追求无止境，好不容易得到了，又这山看着那山高。于是乎，还得追求，还要奋斗。好不好呢？好。人如果没有了追求，岂不成了行尸走肉！但凡事有度，如果让人生成为对一个个结果的追求而忽视了享受的过程，那就本末倒置了。毕竟，不是每个人都能成为比尔·盖茨，也不是每个人都能成为商界精英、政界豪客。所以，要想活得轻松，就得学会放下。放下无止境的追逐，放下永不知足的欲望，那么，你收获的就是一颗平常心，一份淡然的快乐！

有一家大公司准备用高薪雇用一名小车司机。经过层层筛选和考试之后，只剩下3名技术优良的竞争者。主考官问他们：“悬崖边有块金子，你们开着车去拿，觉得能距离悬崖多近而又不至于掉落呢？”

“二米。”第一位说。

“半米。”第二位很有把握地说。

“我会尽量远离悬崖，越远越好。”第三位说。

结果第三位竞争者被留了下来。

可见，对于诱惑，你没有必要去和它较劲，而应离得越远越好。

在物质财富极大丰富、文化多元的现代社会，人们的需求不断地膨胀，人们很容易在对目标的盲目追求中逐渐迷失自我，像一艘失去航向和动力的大船，或远离航道，或停滞不前。事过之后才清醒，却只有追悔莫及，抱憾终生。可悲的是，现实生活中的一些人，总是不安于现状的，他们总有无止境的追求，于是，便在这所谓的追逐中失去了原本快乐的自我。

可能很多人都曾经有过这样的经历：

很多年前，你过着贫穷的生活，你买不起这，买不起那，甚至食不果腹，那时，你告诉自己，一定要成为世界上最幸福的人，你可能不知不觉为自己今后的幸福建立了目标：

一、买一套自己的住房和一辆车子；

二、开一家自己的小公司，有几个甚至几十个人可以听从自己的指挥；

三、娶一个贤惠美丽的妻子，再为自己生一个可爱的孩子；

四、存款达到未来十年衣食无忧的状况。

可能这四种幸福的想往，在后期的工作和生活中一一实现，可你真的感到幸福了吗？你是不是觉得自己，依然每日在不知所措的情况下活着，是不是觉得自己的目标还没有实现？那些短暂的喜悦过后，你是不是依然觉得自己所有的努力和奋斗并不能真的让你感受到快乐？

对此，你思考过没有？如果你没有那么多的追求，懂得享受当下的幸福，那么，又会是什么样的心情呢？

哲人说过，生活中缺少的不是美，而是发现美的目光，其实，同样，生活中缺少的不是幸福，而是人们不懂得放下，只有放下无止境的追求，保持一颗平常心，学会享受阳光雨露，训练自己对幸福的敏感度。

人们常说：“欲望无止境”，尤其是对物质欲望、富贵荣耀、名利的追求，更是无穷无尽，而这，很可能会让我们迷失自己，而保持一颗平常心，拿捏好尺寸，才能得之淡然、失之坦然，才能合理地节制自己的欲望。

保持一颗平常心，是人生的一种智慧。有一颗平常心，才能正视现实，甘于平凡，才能收获一份最本真的快乐！

当然，我们要摒除对目标的无止境追求，并不是说我们应该摒弃梦想、甘当平庸之人，而是要让我们在追求目标的过程中懂得珍惜当下、体味幸福。那么，我们如何做到在追求目标的同时不迷失自己呢？

第一，树立正确的人生态度。

人生态度，是贯穿于人的一生的，它是人们处理人生所遇到的每个问题的态度，这种态度决定了人们的行为。人们的人生态度不同，在人生的每个阶段上的态度也有所不同，但正是因为人生的态度的不同，从而引发了不同的人生结果。

一个人只有拥有正确的人生态度，才能正确处理好人生道路上的种种问题，才能获得成功、圆满的一生。

第二，坚信自己的梦想。

据说，有一次，爱因斯坦上物理实验课时，不慎弄伤了右手。教授看到后叹口气说：“唉，你为什么非要学物理呢？为什么不去学医学、法律或语言呢？”爱因斯坦回答说：“我觉得自己对物理学有一种特别的爱好和才能。”

这句话在当时听似乎有点自负，但却真实地说明了爱因斯坦对自己的理想有充分的认识和把握。

宽心策略

孔子曾说过一句很有名的话：“富与贵，是人之所欲也，不以其道得之，不处也。贫与贱，是人之所恶也，不以其道去之，不去也。”意思是：富贵是每个人都想要的，但如果不是用正当的手段得到的，就不要它。贫贱是每个人所厌恶的，但如果不是以正大光明的手段摆脱的，就不摆脱它。我们每个人都有追求成功和幸福的权利，但需取之有道，否则，我们就会失去最简单的快乐。

把节奏放缓，让思维更发散

我们都知道，现代社会，人们的生活节奏非常快，为了房子、事业、家庭，人们总是马不停蹄地在奔跑，但却很少有人愿意停下脚步来思考一下自己需要的到底是什么，人们趋之若鹜地朝一个方向追赶，生怕别人超过自己，于是就透支了生命、透支了爱情、透支了亲情，在满足了所有人的要求后唯独忘了自我的真正需求，生活变得麻木而毫无激情，生命在瞎忙中逝去，百年后如同一个匆匆过客化为尘土。

俗话说："命里有时终须有，命里无时莫强求。"生活对于每个人来说，蕴藏着无限的哲理与深意，要做到不为世事缠缚，洒脱自在，就对生活的要求不能太多。

可能生活中的很多人都有过这样的经历：

我们每天都会很努力地工作，向往着未来的生活；十年前，我们曾忧虑十年之后的自己，是否可以在这个大城市居住下来，是否可以成为这个城市的新新人类。十年后的今天，我们又一次渴望着改变，设想着自己未来十年的生活环境。

当你还是一名职场新人的时候，你的生活是忙碌的，你需要赶公交，需要写数不清的报告，你多希望自己可以享受一个无忧无虑的假期，你多么希望自己可以每天睡到自然醒，但就在你幻想的那一刻，你想过没，有多少人正羡慕你可以衣食无忧，可以不用每天递求职信、跑招聘会？

当你已经是一名成熟的职场精英时，你开始有了自己的想法，你在想，凭什么每天受领导的呵斥，他的能力并不如我！你甚至想跳槽，你幻想未来的某一天，你也在训斥你的下属，并为此洋洋得意。可你想过没，你是最高级的领导吗？如果不是，你永远都有可能受到顶头上司的教导甚至是呵斥！

可能你会说，现在我是总经理了，我终于可以不受人气了，但你错了，总经理的位置也不是每个人都能坐好的。其实每个经理人都有自己的难处。世上从来没有免费的午餐，老板付出的每一笔薪水都希望能够得到超值的回报。由此可想而知，那些做到总经理位置上的人们，每天的工作压力有多大，那是和他们的年薪成正比的。

那么老板就好做了吗？当然不是，不在其位不谋其政，老板担当的风险是最大的。作为职员，你失业了，可以再找工作，但老板呢，因为公司是他们自己的，公司开门做事，每天要应付的各种人和事，可以算到你头大；公司要支付的各种费用，包括每个员工的每月工资都是老板要考虑的问题。

可能你会羡慕老板有无人管制的生活、有自由的假期，其实不然，公司是他们自己的，尤其是那些小公司的老板，每天都会衡量公司的损失，即使下了班心也不会休息。每月到了月底资金周转不灵的时候，老板就是有时间休假，也只能忙活着自己公司的事情了。

事实上，我们拥有的幸福才是真实的。

宽心策略

总之，我们每个人，对于现在的生活，都应保持知足的心态，放下对于别处的风景的幻想吧，我们都有自己的天空，有自己的土地，有自己的蓝天，有自己的快乐，有自己的幸福，不去羡慕别人，这样你的生活才会变得悠然平静，从容不迫！

人生最大的敌人是自己

“人生十四最”中有这样一句话：人生最大的敌人是自己。的确，人要想超越他人，要想成功，就必须先超越自己，当人们面对挫折和困难时，往往容易被自身的怯懦打败，从而功亏一篑，败给自己。金无足赤，人无完人，人最大的敌人是自己。只有能够战胜自我的人，才是真正的强者。

“要战胜别人，首先须战胜自己。”这是智者的座右铭。人生路上，我们会遇到一些挫折，但我们的敌人不是挫折，不是失败，而是我们自己，是我们自己内心的恐惧，如果你认为你会失败，那你就已经失败了。说自己不行的人，爱给自己说丧气话，遇到困难和挫折，他们总是为自己寻找退却的借口，殊不知，这些话正是自己打败自己的最强有力的武器。一个人，只有把潜藏在身上的自信挖掘出来，时刻保持着强烈的自信心，困难才会被我们打败。成功者之所以成功，是因为他与别人共处逆境时，别人失去了信心，他却下决心实现自己的目标。

美国著名将领艾森豪威尔将军是这样诠释的：“软弱就会一事无成，我们必须拥有强大的实力。”不正面迎向恐惧，面对挑战，你就得一生一世躲着它。

人们恐惧的表现之一通常是躲避，而试图逃避只会使得这种恐惧加倍。任何人只要去做他所恐惧的事，并持续地做下去，直到有获得成功的记录做后盾，他便能克服恐惧。既然困难不能凭空消失，那就要勇敢去克服吧！

你需要记住的是，在困难面前，逃避无济于事，只有正面迎击，困难才会解决。你会发现，有时候，那些所谓的困难与麻烦只不过是恐惧心理在作怪，每个人的勇气都不是天生的，没有谁是一生下来就充满自信的，只有勇于尝试，才能锻炼出勇气。

曾经有一个叫卡兰德的军官。有一次，卡兰德在纽约的一个漂亮饭店里，看着游泳的朋友们在阳光下嬉戏，忽然有一种不舒服的感觉涌上心头。卡兰德告诉他们，自己怕晒黑，所以不想下水。朋友们笑着怂恿他："不要因为怕水，你就永远不去游泳……"

阳光照在他们水滑滑、光亮亮的肌肤上，他们像海豚一样骄傲地嬉戏着，而卡兰德其实并不想躲在没有阳光的阴影里只是看着他们快乐。他觉得自己是个懦夫。

一个月后，朋友邀卡兰德到一个温泉度假中心，他鼓足勇气下水了。卡兰德发现自己没自己想象中那么无能，但他不敢游到水深的地方。

"试试看，"朋友和蔼地对他说，"让自己灭顶，看会不会沉下去！"

于是，卡兰德试了一下。朋友说得没错，在我们意识清醒的状态下，想要沉下去、摸到池底还真的不可能。真是奇妙的体验！

"看，你根本淹不死。沉不下去，为什么要害怕呢？"

卡兰德上了一课，若有所悟。从那天起，他不再怕水，虽然目前不算是游泳健将，但游个四五百米是不成问题的。

生活中的人们，当你遇到困难时，你也可以克服恐惧。"现实中的恐怖，远比不上想象中的恐怖那么可怕。"当你遇到困难时，理所当然，你会考虑到事情的难度所在，如此，你便会产生恐惧，会将原本的困难放大。但实际上，假如你能减少思考困难的时间，并着手解决面临的困难，你会发现，事情远比你想象中简单得多。那些成功的人士，都是靠勇敢面对多数人所畏惧的事物，才能出人头地的。美国著名拳击教练达马托曾经说过："英雄和懦夫同样会感到畏惧，只是英雄对畏惧的反应不同而已。"

要摆脱恐惧心理，你可以从以下几个方面着手：

1. 告诉自己"我能行"

生活中，许多男孩常常说"我不行"。而之所以他们会有这样的意识，是因为两个方面的原因：一是自我意识，二是外来意识。关于第二点，其实和很多父母的教育有关系，有些家长自己就总觉得自己的儿子不行。一位男孩说："我想学游泳，我妈妈说，你不行，你从小体弱，下水会淹着的！我想学炒菜，我妈妈又说，你不行，会烫着手的！我想学骑车，我妈妈说，你不行，会摔着的……不行，不行，我什么时候才能行？”要摆脱这种种恐惧，作为男孩的你，必须要在内心反复暗示自己：“我能行。”

2. 多做一些没有做过的事

做曾经不敢做的事，本身就是克服恐惧的过程。如果你退缩、不敢尝试，那么，下次你还是不敢，你永远都做不成。只要你下定决心、勇于尝试，那么，这就证明你已经进步了。在不远的将来，即使你会遇到很多困难，但你的勇气一定会帮你获得成功。

宽心策略

总之，物竞天择，适者生存，当今社会更是一个处处充满竞争的社会，一个有作为的人必定是敢想敢做的人，而你首先要做的就是消除内心的恐惧，毫无畏惧，自然战无不胜！

把情绪释放出来，让堵塞的心得以宣泄

生活中，我们难免会遇到一些不顺心的事情，不快的情绪如果没有及时得到排解，将会有害身心健康。而且，假如我们一遇上不顺心的事情，就将自己不快的情绪发泄到家人或朋友身上，又会伤害身边最亲近的人，甚至影响家庭或同事间的和睦关系。其实，当出现不良情绪时，可以找到适当的释放方法，如练习书法、打球、上网等，从而使心中的苦闷、烦恼、愤怒、忧愁、焦虑等

不良情绪通过这些有情趣的活动得到宣泄。

的确，每个人都会产生不良情绪，这很正常，我们不要把这些情绪压抑在心中，因为一味地压抑心中不快，只能暂时解决问题，负面情绪并不会消失，久而久之，就可能填满我们的内心世界，使我们的身心越来越疲惫。因此，除了自我调节和消化外，我们还应该给不良情绪找个宣泄的出口，让它尽快释放出来，正所谓“堵不如疏”，以将负面情绪减小到最低程度。

美国金融公司经理伍德亨先生能够取得辉煌的成就，得益于他年轻时养成的一种调整情绪的习惯。那时，他还是一个公司里的小职员，受到同事们的轻视。

一次，他忍无可忍，决定离开这个公司。临行前，他用红墨水把公司里每一个人的缺点都写在纸上，将他们骂得体无完肤。骂完后，他的怒气逐渐消去，决定继续留在公司。从那次以后，每当心中愤怒的时候，他总是把满腹牢骚都用红墨水写在纸上，立刻感觉轻松不少，好像一个被放了气的皮球一样。这些纸条一直被他隐藏起来，从不拿给别人看。后来，同事们知道他的这种宣泄怒气的方法后，都觉得他极有涵养。上司知道后，也对他格外青睐。

坏情绪是影响人际关系的“无形杀手”，然而，我们却无一例外地受七情六欲的影响和支配，都会被各种情绪所困扰。我们要学会释放，通过其他行为，我们能转移自己的注意力，而逐渐淡化情绪。

情绪是一把双刃剑。当情绪被我们牢牢地掌握时，情绪就成为我们驯服的奴隶，我们便随时可以让坏情绪远离我们。无论顺境逆境、成功失败、得意失意，我们始终能保持冷静的头脑从容面对，泰然处之，体现修养和品质。但当坏情绪占据了我们的生命而挥之不去时，我们便沦为了情绪的奴隶。此时，坏的情绪可能使我们变得盲目、冲动、急躁、易怒，生活的常规被改变，人生的帆船在飘摇，于是失落、伤感、沮丧、绝望接踵而至，甚至歇斯底里，我们最终被情绪逼进了死胡同。其实，谁都有坏情绪，面对坏情绪，只要我们调节得当，就能及时消除。

人类最大的敌人永远是自己，坏情绪就像那弹簧，假如你的勇气一次又一次地后退，坏情绪就会一次又一次地前进，直到最后占据你心灵的高地，全盘操纵你的一切，你的正义、勇敢、上进、积极、坚毅的品格全都遭受最无情的蹂躏和践踏，直至消失殆尽，于是，你会走向失败，走向毁灭。

每个人都会对身边的事情产生一些负面情绪，但自控能力强的人善于以正确的方式排解心中的不快，而不是将负面情绪传染给身边的人，让他们成为我们发泄的对象。

那么，我们该如何修炼自己的心性，避免情绪化呢？发泄自己的不良情绪，有很多方法：

第一，倾诉法。当你心情不好时，可以找自己最信任的朋友倾诉，但你最好找那些比较冷静、理智的人当朋友，因为他们能给你提出一些疏导情绪的意见。

第二，摔打安全的器物。如枕头、皮球、沙包等，狠狠地摔打，你会发现当你精疲力竭时，内心是多么畅快。

第三，高歌法。唱歌尤其是高歌除了愉悦身心外，它还是宣泄紧张和排解不良情绪的有效手段。

第四，环境调节法。心情不好或感到压力大、郁闷不乐时，你可以走出办公室，走出家，去大自然中呼吸新鲜的空气，我们的心绪往往就能很快得到舒缓。如果有条件，还可以进行短期旅游，从而彻底放松自我。

第五，注意力转移法。当出现不良情绪时，可以将注意力放到其他事情上去，做自己喜欢做的事，比如，打球、上网、跑步等，从而将心中的苦闷、烦恼、愤怒、忧愁、焦虑等不良情绪通过这些有情趣的活动得到宣泄。

可见，一个成熟的人应该有很强的情绪控制能力。无论遇到什么事情，哪怕是违背自己本意的事情，都得控制自己的情绪，不能有过激的言行。唯有如此，才能成就大事，从而达到自己的目标。

宽心策略

坏情绪是影响人际关系的“无形杀手”，所以，我们不但要控制坏情绪，还要学会转移坏情绪，当我们被坏情绪所困扰，又不能对他人发泄的时候，不妨尝试自我调节和放松。心理学家认为，“在发生情绪反应时，大脑中有一个较强的兴奋灶，此时，如果另外建立一个或几个新的兴奋灶，便可抵消或冲淡原来的优势中心。”我们因为某件不顺心的事情烦躁、暴怒的时候，可以有意识地做点别的事情来分散注意力，缓解情绪。

第03章

宽心是善待他人：让伤害和磨难成为成长的历练

几乎每一人都期望一帆风顺，尤其是在与周围的人打交道时，人们都希望朋友间彼此忠诚，爱人间亲密无间等。但其实，这是不可能的。人生，本身就是一场旅途，这场旅途中，我们常常会受到来自他人的伤害，但无论如何，你都必须承受，比如，被友人无情背叛，甚或污蔑诽谤，你得承受非议的磨难；真情付出却不能“抱得佳人归”，你得承受失意的磨难……每当这时，你也许会无比惶惑，你也许会绝望，想到过破罐破摔、得过且过……但请记住，我们无法选择他人对待我们的态度，但我们可以选择如何对待他人，我们必须要宽待他人，宽待自己的朋友，宽待自己的亲人、爱人，这样，你会发现，那些伤害和磨难对自己都是一种历练、成长和成熟。

想要学会飞翔，先要站在危崖之上

我们都知道，在人生道路上，困难和挫折是难免的，尤其是希望有一番成就的人们，更要有心理准备，人生会起起伏伏，我们无法预料，但是有一点我们一定要牢牢记住：立于危崖，才能学会飞翔。当你遇到逆境时，千万不要忧郁沮丧，无论发生什么事情，无论你有多么痛苦，都不要整天沉溺于其中无法自拔，不要让痛苦占据你的心灵。困难来临时，我们要有勇气直面困难并且做到一直向好的方向行进，这样，你最终将战胜困难。

人们常说“置之死地而后生”。为什么生命在“死地”却能“后生”？就是因为“死地”给了人巨大的压力，并由此转化成了动力。没有这种“死地”的压力，又哪有“后生”的动力？这一点，也向我们证明了困境的激励作用。

实际上，上天对我们每个人都是公平的，为什么有些人能摘取成功的果实，有些人却只能甘于平庸？其中一个很大的原因就在于他们是否有走出困境的毅力。命运在为我们创造机会的同时，也为我们制造了不少“危崖”。如果你在“危崖”面前倒下了，那么你也就失去了成功的机会；如果你经过挫折、失败的锤炼后变得更加坚强，那么你就是真正的强者。不甘于平庸，不想成为失败者，那你就要有勇气面对困境和压力，而不是懈怠和逃避。

有一个穷人为农场主做事。有一次，穷人在擦桌子时不小心碰碎了农场主一只十分珍贵的花瓶。

农场主向穷人索赔，穷人哪里能赔得起。最后被逼无奈，只好去教堂向神父讨主意。神父说：“听说有一种能将破碎的花瓶粘起来的技术，你不如去学这种技术，只要将农场主的花瓶粘得完好如初，不就可以了。”

穷人听了直摇头，说：“哪里会有这样神奇的技术？将一个破花瓶粘得完好如初，这是不可能的。”神父说：“这样吧，教堂后面有个石壁，上帝就待在那里，只要你对着石壁大声说话，上帝就会答应你的。”

于是，穷人来到石壁前，对石壁说：“上帝请您帮助我，只要您帮助我，我相信我能将花瓶粘好。”话音刚落，上帝就回答了他：“能将花瓶粘好，能将花瓶粘好……”

穷人听后希望倍增，信心百倍，于是辞别神父，去学粘花瓶的技术去了。

一年以后，这个穷人通过认真的学习和不懈的努力，终于掌握了将破花瓶粘得天衣无缝的本领。他真的将那只破花瓶粘得像没破碎时一般，还给了农场主。所以他要感谢上帝。神父将他领到了那座石壁前，笑着说：“你不用感谢上帝，你要感谢就感谢你自己。其实这里根本就没有上帝，这块石壁只不过是块回音壁，你所听到的上帝的声音，其实就是你自己的声音。你就是你自己的上帝。”

和故事中的这个穷人一样，身处困境时，你要记住，没有人能解救你，除了自己拯救自己。其实每个人都有拯救自己的能力，许多人走不出人生或大或小的各种阴影，是因为他们没有耐心找准一个方向坚持走下去，直到眼前出现新的洞天。生活中的人们，虽然我们经常会遇到挑战和压力，它会让你身心疲惫，但这些压力也会让人的意志变得更加坚强，性格更加成熟，能力更加提高，从而最终获得成功。因此，从现在起，正视压力，只有将压力变为动力，才能在时间的无涯荒野里种下自己的理想之树，随着生命的律动，春华秋实。

同时，哲人告诉我们，只要信念还在，希望就在。许多人一陷入困境，就悲观失望，并给自己施加很重的压力，其实，应告诉自己，困境是另一种希望的开始，它往往预示着明天的好运气。因此，你只要放松自己，告诉自己希望是无所不在的，再大的困难也会变得渺小。可以说，这也是一种“和谐”的心态，如果你认为前方路途是好的，那么，你就能朝着这一好的方向行进，并最终看到曙光。

魏尔仑说：“希望犹如日光，两者皆以光明取胜。前者是荒芜之心的神圣美梦，后者使泥水浮现耀眼的金光。”希望给人以坚定的信念，心中没有希望就不会耐心地等待，最美好的希望往往产生于最无望的逆境中。

人一生不可能常处顺境，有时候你会被淘汰出局，但只要你继续参加比赛，就有希望存在，总会获得让你满意的成绩。天才未必就能富有，最聪明的人也不一定幸福，想要摆脱人生的困境，你要记住让希望的阳光照进心田，要努力拯救自己摆脱困境。

当然，信念只是起到支持行动的作用，要走出困境，关键还在于我们自己。古语云：“自助者，天助之。”把别人的帮助当做希望，往往只是一种被动的奢求，外界的帮助使人更加脆弱，自助却使人得到恒久的鼓励。

宽心策略

总之，身处困境中，我们每个人都会心存不快，甚至抱怨命运的不公，但不正是因为这些折磨和困难才让我们得到了历练吗？因为人们驾驭生活的能力，是从困境中磨砺出来的。和世间任何事件一样，苦难也具有两重性。一方面它是障碍，要排除它必须花费更多的力量和时间；另一方面它又是一种肥料，在解决它的过程中能够使人更好地锻炼和提高自己。

冷静处理婚姻中的危机

生活中的每一个人，都希望自己事业顺利，爱情顺利，与自己的爱人长相厮守，这是人们的美好愿望，但实际上，我们不难发现，不少人在婚姻生活中遇到了情感危机，此时，该如何是好呢？一拍两散，还是主动示好？再或者是好言相劝？此时，我们应该做的是冷静下来，理性处理，宽容对方，让对方重新感受恋爱与婚姻中的甜蜜，从而让婚姻绝处逢生。你应该明白的是，没有痛苦的体悟，又怎会知道欢乐的珍贵呢？宽待你的爱人，宽待你的感情，你才有可能拯救已经出现裂痕的爱情。

一名男子在经历了几年的事业打拼后，事业有成，但对自己的婚姻却产生了厌倦的情绪，对妻子的闺蜜产生了好感。在几经思索后，他决定邀请妻子的闺蜜，而对方也答应了她。

出门的时候，他向妻子撒了个谎，说晚上有应酬，晚点回来，妻子也没说什么。

男子如约而至，妻子的闺蜜已经等候已久。于是，男子开始与其交谈，席间，自然免不了谈到他们共同熟识的人——妻子。男子抱怨妻子如何如何地让他感到厌倦，说妻子只懂得柴盐油米，不懂得浪漫。他试图握住妻子女友的手表白心意的时候，妻子女友对他说，对不起，时间到了，我答应了我的朋友。

他惊讶地说："你朋友是谁？"

妻子女友说："你的妻子。"

他愕然了，一副垂头丧气的样子。他居然觉得很惭愧，怎么能这样对待勤勤恳恳的妻子呢？

他拖着沉重的脚步推开家门的时候，妻子在等他。妻子对他说，这不怨你，我还有做得不好的地方。他感到无地自容，只有深深的愧疚和感动。他们俩紧紧拥抱在了一起。

后来的日子，他们彼此之间多了一份信任，一份恩爱。

对待爱人感情的出轨，一百个人有一种处理方法。有的人以报复来求心理平衡，有的人扯着对方的衣领上法院，有的人找“第三者”撕打成一团。但故事中的妻子是一位大度的女人，当朋友告诉她她的丈夫有出轨的想法时，她并没有气势汹汹地和丈夫吵闹，而是给丈夫一次反思的机会。然后心平气和地承认自己的不足，并表示自己是爱丈夫的。她的智慧与宽容挽救了她的家庭以及幸福。婚姻中出现第三者，其实，双方都是有着不可推卸的责任，这是情感专家调查的结果。而此时，宽容就是一副拯救婚姻的良药，不仅能帮助夫妻双方增进感情，更能把婚外情扼杀在萌芽状态。

当今社会里，物欲横流，感情泛滥，情又为何物？婚姻总是被背叛、出轨、一夜情这样的毒素所充斥。一些男人女人经常会用一句最简单的话“对爱人没有了激情！”作为出轨的理由，去追寻激情。可是，激情过后，他们才发现外面的世界虽然精彩，可是也好无奈好虚伪，平淡才是真，爱人才是你永远的守候。而在此过程中，作为受伤害的一方，如果你向爱人表达愤怒、不满甚至与之展开“战争”，那么，只会加快对方离开的脚步，而如果你能冷静处理，尊重其选择，那么，他（她）必当会顾及旧情、念及你的明理、善良等，婚姻才有转机。

当然，婚姻三步曲，从“相敬如宾”到“相敬如冰”再到“相敬如兵”，从一往情深到相看两厌，从“执子之手与子偕老”的美好夙愿到“转过身之后从此陌路”，感情蜕变之神速让人难以承受，当婚姻里的情感陷入危机时，你也可能会慨叹“早知今日不该当初”，就会有“如果当初如何如何，现在就不会怎样怎样……”但处理感情问题，切不可急躁，必须冷静。冷静才能分析出问题的根源。如果冷静分析之后，还找不到在一起的理由，那就应寻找出路了。

现代爱情和婚姻已经越来越宽容，一纸婚约不是卖身契，有缘分才能一辈子白头到老，没有缘分大可不必强迫对方跟你“从一而终”。该你的，永远会是你的，不该你的，强迫的婚姻没有任何幸福可言。

其实，我们的一生正是因为磨难的出现才精彩。百无聊赖的人生，感受不到成功的喜悦，最终得到的是冰冷的失落。不曾遭遇失意和痛苦，欢乐和幸福，只能是肤浅的，脆弱的；经历磨难，而不能泰然处之，也就永远不会真正地、深沉地实现辉煌的人生。正因为如此，如果你的爱情出现了瑕疵，如果你困于这种“不如意”之中，终日惴惴不安，那生活就会索然无味。与之相反，如果你能抱着宽容的心面对爱人，那么，灿烂的爱情主旋律必定会再为你弹奏。

宽心策略

总之，如果你的婚姻亮起红灯，冷静处理，不激化矛盾，不扩大纷争，既是保护自己，也许还会给婚姻一线生机。退一步讲，即使分手也并不是世界末日，面对分手，从心灵上呵护自己，从经济上考虑自己，倒是必要的。因为即使没有了婚姻，生活还要继续……投入地爱，但不失去自己，才是现代人面对婚姻所需要的基本智慧。

给爱的人留一个自在的空间

人与人在相处的最初，总会保持一定的小心翼翼，熟捻开了便会大而化之，处久了难免会有磕磕碰碰。似乎有个说法叫因不了解而在一起，因了解而分手，大抵有这么个意味。同样，婚姻中，夫妻双方之间，也是如此，距离产生美。为爱人留一个自由的空间，其实是信任的表现。可以说，信任是夫妻之间感情存在的基础，一对恋人由恋爱进入婚姻的殿堂，主要原因之一就是互相信任，并愿意把下半生的幸福交给对方。无论是男人还是女人，都希望自己的爱人信任自己，猜忌是婚姻的最大杀手，而事实上，在很多婚姻中，都存在猜忌这一问题。尤其是一些女人，她们总是表现得很“精明”，她们翻看丈夫的公文包，探询丈夫的行踪，查阅丈夫的手机信息，试图为自己的猜想找到蛛丝马迹，结果往往酿出一场场家庭悲剧。

“我们要天天思念，但不要天天相见；只需要悱恻缠绵，绝不要柴米油盐；有共同生活的经验，绝不用共同的房间……”现代社会，一些年轻夫妇已经采用了这一相处模式。的确，两个人结婚，并不意味着要完全做到成为彼此的一部分，更不能和过去的生活完全说“再见”，我们需要认识到距离对于夫妻关系的重要性。对待婚姻理智一点，为夫妻关系留点距离，也有利于反省我们在婚姻中的得失。

实际上，无论是妻子还是丈夫，都一定要明白，婚姻这个字眼是阳光的，在一个充满了猜忌的环境里，爱会消失殆尽，而在一个相互尊重、接纳、诚恳的环境里，爱会茁壮成长。如果我们都能做到信任对方，那么，爱情里就多了些信任和安全感，婚姻自然能美满幸福。

有这样一个女人，她和丈夫结婚三年了，结婚的第二个年头里，他们就有了一个可爱的宝宝。可以说，他们的生活一直是幸福美满的，但那次手机事件差点毁了这一切。

那天，女人把儿子送到了公公婆婆那里，然后收拾一下就和自己的几个好朋友出门逛街喝茶去了。终于能忙里偷闲，她感到一种好久未有的轻松。

逛街的过程中，她明显发现闺蜜心情不好，询问过后才知道闺蜜的老公出轨了。闺蜜告诉她：“我一直以为他对我是忠诚的，但那天晚上，我听到他手机响了，他不在客厅，去洗澡了，我就接了一下，没想到是一个发嗲的女人。后来，我也质问他，他承认了。我到底做错了什么？这么多年，我舍不得吃舍不得穿，就是为了给他节省点，好让他存钱创业，我辛辛苦苦上班，还要带孩子。结果却换来……现在的男人怎么都这样？”闺蜜的话让女人心里一惊，她们是极好的朋友，她们的家庭模式也很类似，而她自己对于丈夫，也是信任有加的，难道他也会……

抱着这样的想法，女人也想对丈夫一探究竟，这天，趁着丈夫带着儿子到楼下散步的功夫，她从丈夫的外衣口袋中拿出手机，一条条地翻看他的短信，此时，她的心理是微妙的，她想寻觅到什么，又不想发现什么。但最终，除了几条节日快乐类和服务类的信息，她并未发现什么，查看完短信，她又开始翻看通讯记录，她不明白的是，为什么丈夫的通讯记录上的号码都没有姓名显示，为什么都是陌生号码呢？正当她思索之际，丈夫居然推开门进来了。

“你在干什么？”丈夫的话才让她回过神来。

“我……我……”她顿时愣住了，因为的确是她做的不对。

“我一直以为，你和那些整天疑神疑鬼的女人不一样，你让我没有后顾之忧，但现在看来，是我错了，既然你不信任我，为什么要嫁给我？”

是啊，既然嫁给他，为什么又不信任他呢？女人扪心自问。

“对不起，真的对不起，以后我不会这样了，我保证。”

听到妻子这么说，丈夫一把楼主妻子，女人分明看到，这么多年从没流过泪的老公眼里滴出两点热泪，他伤感地说：“相信我，我要给你和孩子幸福。”

外面已经下起了雨，但这个小小的家中却充满了暖意。

看到这一幕，我们也不禁为这对幸福的夫妻感到高兴。但生活中，有几个男人能和故事中的丈夫一样大度，能原谅妻子对自己的质疑呢？面对妻子对自己的手机的侦查，大部分男人估计会怒火中烧，一场争吵在所难免，甚至引发婚姻危机。

婚姻生活中，我们与爱人的关系应该是独立的，对丈夫无时无刻的管制只会对婚姻起到反作用，你需要做的是放手，给对方自己的空间。

那么，在婚姻中，我们该怎样做到信任对方呢？

1. 少猜心思

对于爱人的任何一种行为，你都不要过多地猜想，很有可能你猜错了，这会造成不必要的冲突。

我们在婚姻疗程中常常发现假设、错觉、幻想到头来是错的或者只有局部正确。很多时候，只是因为我们缺乏安全感而已。

2. 少做解读

你要明白，无论男女，在婚姻中，都希望自己保留一定的空间。你需要做到：明了自己的怨恨之情，并小心不要通过分析伴侣的行为而偷偷地表达这种不满；敞开心怀并且满怀爱意地聆听。

3. 少点在意

你的爱人的行踪，你没必要时时过问；他在撒谎，你大可以听他胡吹乱侃，也没必要非要揭穿；他暴露了某个错误，也不需要揭穿他。

宽心策略

总之，经营婚姻、对待爱人，我们一定要秉持信任的原则，千万别因自己的小聪明而把自己推向了痛苦的深渊。正如人们所说的，还是做个快乐的傻子吧。如果像机敏的侦察员一样活着，会使你苍老，憔悴，会打破原本平静的生活，失去本该属于你的幸福。

别太执着，爱到尽头不如放手

爱情估计是世间最为美妙的东西，因此才会有那么多的人不断地追求与向往。爱情也应该是人世间最美好的一种情感，所以才会让人品味到一种难以言明的幸福。爱情应该有超强的磁力，所以人们不惜耗尽一生的精力去追求这种至纯至美的感情。

然而，生活中，有太多对于爱情执着的人。爱是一种那么模糊的东西，你说不明白它到底是什么。它或许是你早晨睁开眼睛的一个微笑，或许是你杯子里热腾腾的绿茶，或许是恋人的一个脉脉的眼神，或许是爱人在你肩头的一个细微的抚摸，或许是深夜孤独时的美丽的灯光，或许是你寂寞时节里的一个短信的祝福……你不能说明白到底是什么，但是它却在你的身边环绕着。爱有很多种，有的你可以直接感觉到。比如对爱人的牵挂，对孩子的亲昵，对老人的惦念，对朋友的祝福。但是这个世界上还有一种爱，你捉不到，看不见，它只能在你内心的深处，悄然地、静静地泛着波澜。那种爱，你不可以把它拿出来在阳光下曝光，不可以把它当成你生命旅程中的伴侣，因为这种爱，叫做放手。

你对佛说："为什么属于我的爱我得不到，为什么让我那么悲伤，为什么执着的我那么受伤害。"佛说："有一些东西本不该属于你的，有一些东西只要你曾经拥有过，就应该叫做幸福。因为有一种爱叫做放手。"

曾经有一个男人，他英俊潇洒，按部就班地生活，他原本的生活很平静，很幸福。在他的内心世界里，只有家的温馨。年少时的梦已经在他的心里消失了。他很现实，过着和所有的普通人一样的生活。

有一天，他遇到了她，在网络中遇到了她。一个很安静的她。那个她曾经是他年少时候的梦。于是他们相爱了。爱得很悄然，爱得很真诚，爱得很糊涂，爱得很无奈。就这样悄悄地过了几年，他们因为爱着对方，经常感觉到莫名的痛苦。原来爱也是痛苦的。他们曾经想到过牵手，但是不能，因为他们都有家。他们想到过分手，但是不能，因为他们都曾经是对方心中那美丽的梦。他们痛苦，他们悲哀。他们感觉到命运的捉弄。因为这样的爱，他们不可以拥有。有时候他们感觉到幸福，因为他们彼此都爱着对方。他们觉得拥有爱，拥有一份真诚的爱恋，很满足。他们有时候感觉到绝望，因为他们不可以在一起，虽然相爱，但是却咫尺天涯。原来爱是这样的一种无奈。终于有一天，他们都感觉到了这一点，于是，他们在莫名中，慢慢地让自己消失，消失，消失在对方的视线里。也许他们都顿悟到了一点：原来有一种爱叫做放手。无奈中，悲凉中，痛苦中，寂寞中，绝望中，他们分手了。不是因为不爱，而是因为深爱着。

的确，能够放手的爱也是美丽的。不能拥有的爱，就放手吧，不能得到的爱，就放手吧。只要你曾经拥有，你曾经幸福过，你的人生就是幸福的。

然而，一个人失恋不可怕，可怕的是失去自己，没有勇气重新开始。一个为爱而自怜自叹，每晚伤心抽泣的人，到头来只能得到他人的耻笑，而不是同情!

任何人，只有结束不适合自己的恋情，才是一种解脱，才能给自己机会，重新寻找新的幸福。

他是一名大学教师，已经三十好几的他，还没有找到对象，家里急了，他自己也急了，于是，在朋友的介绍下，他认识了在某事业单位工作的她，见面之初，他们都对彼此的谈吐很中意。很快，在所有的亲朋好友的祝福下，他们结婚了。

但真当他们成为夫妻后，才发现彼此在很多问题上存在很大的分歧，于是，他们经常吵架，没有哪一天是安静的。最终，刚结婚半年的他们，就决定离婚。但令周围朋友奇怪的是，离婚后的他们反倒关系好了，彼此间遇到什么麻烦事，对方总是出手相助。他开玩笑地和朋友说："可能是婚姻束缚了我们吧。"

的确，正和故事中的男女主人公一样，当爱情不存在的时候，如果我们还死死抓住，不肯放手，那么，只能伤人伤己，而适时放手，则是一种解脱。因此，分手，失恋，都不必太在意，因为昨天即使再美好，也必将成为过去，今生还有很长的路要走，更重要的是过好今天，把握明天。

许多人会在恋爱中迷失自己，找不到自我，甘心付出很多，结果却是一败涂地。如果说杰克死后，露丝也跟着沉到海底，那么就没有了那感人至深、赚了观众无数泪水的《泰坦尼克号》。爱情的意义不是让一个人为另一个人牺牲，而是两个人共同付出，彼此幸福。

我们都是平凡的红尘男女，挣不出爱恨纠缠的情网，逃不出爱与被爱的旋涡。心碎神伤后，是漫无止境的寂寞。寂寞吗？或许吧。但是细细体会寂寞后的洒脱，想想除他以外的快乐，想想再也不用为了猜测他的心思而绞尽脑汁，会不会轻舒一口气，感觉轻松一点？

宽心策略

其实，在我们的生活中，有一些东西是不属于我们的，就如道路两边的行道树，只能远远地相望着，永远不能牵手。其实远远的相望也是美丽的，美丽的欣赏，美丽的相望，美丽的祝福，这就是爱。这种爱就叫做放手。

只有你自己才能决定你人生之路的走向

我们生活的周围，有这样一类人，他们勤恳、努力、认真，对周围的亲人、爱人、朋友无微不至地照顾，工作中事必躬亲，他们总是希望周围的一切都在他们的掌控之中，然而，正因为如此，他们比其他人活得更累。而如果他们能学着放手，自然会轻松很多。事实上，他们没有意识到的一点是，社会中的每个人，都有属于自己的路，成为什么样的人、走什么样的人生路，决定权都在他们自己的手里。因此，我们不可能掌控他人的人生。无论是工作还是生活中，我们都要放开手，不要时时想着掌控他人。

在某国营单位，有这样一位老员工，他是所有的同事和领导羡慕的对象，因为他有一位品貌俱佳的妻子：她在单位里是中层干部、先进工作者，在家里她是贤妻良母，她对丈夫照顾得无微不至。她从不让丈夫洗衣做饭，丈夫加班，她去送饭。丈夫穿的用的，全是她买，丈夫的皮鞋、领带都是她擦、她系，丈夫“爬格子”，她总是左右侍候，端茶倒水。每每论起“内助”如何，大家总是羡慕他这位朋友的“福分”，羡慕他们亲密无间，朝夕相伴。

但这位老员工总觉得自己的妻子与别人的妻子相比有天壤之别。半年后，他居然与他的贤妻离婚了，据说单位和亲朋好友调解多次，妻子也不解地问他“哪点对不住你”，但他铁了心，坚持离她而去。很多同事曾直截了当地问他是否另有新欢，是不是喜新厌旧，他只是说：“过腻了，这样活着，吊不起胃口。”

生活中，可能很多妻子都和故事中的这位贤妻一样勤勤恳恳地为家庭操劳，对丈夫无微不至地照顾。人们对老员工夫妻俩的婚姻结局也会产生质疑：到底哪里出了问题？从她丈夫的话中，我们大致能了解到男人们内心的想法，他们需要的是一位妻子，而不是一位母亲。朝夕相伴，无私奉献，爱情之火也不一定就能持久地燃烧。

其实，每个人都希望能自己做主，即使我们的亲人，他们也希望有自己的生活空间，放开手，你的身心也会得到放松。

除此之外，在工作中，我们也不能凡事揽在自己身上，而应该学会放权，学会给他人表现的机会，否则，我们在身心俱疲的同时，还有可能成为他人厌恶的对象。

有这样一位陆军中校，他叫蓝迪。他所在的管理咨询公司中，除了创立者以外，他是唯一不是工作狂的人。后来他来到一个遥远的国家，创办了一个自己的公司，这家公司成长很快。这家公司的员工工作起来很努力、认真。他们都很羡慕蓝迪，因为蓝迪每天除了参加重要客户的会议外，其他事务则授权给年轻的合伙人处理。

蓝迪虽是公司领导者，却不管任何行政事务。他把所有精力拿来思考如何在与重要客户的交易中增加获利上，然后再安排用最少人力达到此目的。蓝迪的手上从不曾同时有3件以上的急事，通常一次只有一件，其他的则暂时摆在一旁。为蓝迪工作的人在时间效率上充满挫折感，因为同蓝迪比起来，他们的效率实在是太低了。

可以说，蓝迪就是个工作效率高的领导者。他之所以能成功管理自己的团队，就是因为他懂得抓大放小，放下那些琐事，把主要精力放在更为重要的事情上。而和蓝迪不同的是，很多企业领导者每天不得不面对繁忙的工作，还有来自公司、同事及下属的压力。各方面的压力使他们穷于应付，却抽不出时间做真正该做的事：解决根源性问题、统筹布局、培养下属。压力还使他们心力交瘁，持续处在焦虑状态之中，在工作中难以发挥最大成效。诚如一位管理者所言，“做一个主管，要注意目标，就像游泳一样，要一边游，一边看前方，不要一头撞到池壁才知道到了。不要花太多时间在小问题上，要多花时间在目标上。”

的确，那些在工作中做到游刃有余的人，通常都是懂得放权的，他们相信下属能做好，于是，他们能为自己腾出更多的时间愉悦身心，放松自我。因此，如果你是个领导者，那么，你应当抛弃将员工当做工具、封建家长式的作风，取而代之的应是尊重员工的个人价值，合理地设计和实行新的员工管理体制，最重要的是要做到给予下属权利，把员工看成企业的重要资本、竞争优势的根本，并将这种观念落实在企业的制度、领导方式等具体管理工作中。

另外，给予下属权利也是为领导者自身分担工作的重要方法，在领导工作中，面对看似无法完成的工作任务，最有效的办法就是要知人善任。这样领导可以腾出时间和精力抓大事，部属也可以小试牛刀。

宽心策略

总之，无论是在生活中还是工作中，懂得放手，不仅是对对方的一种尊重和信任，更是现代社会人们释放压力、调节身心的重要方法，否则，你抓得越牢，你就越累！

风雨中的每一种创伤，都是成长的养料

自古至今，大凡成功者，无不具备一项品质，那就是拥有不被打倒的意志力。他们总是满怀希望，因此，即使他们跌倒了，还是会爬起来，跌倒一百次，他们会爬起来一百次，终有一天，他们取得了胜利的果实。的确，对于任何人来说，每一种创伤，都是一种成熟，无论是成长还是成功，都离不开失败的历练，跌倒了并不可怕，关键在于如何从失败中奋起，反败为胜。只要你坚持下去，不可能也会变为可能。

关于挫折，一般来说，人们会有以下两种态度，要么是破罐子破摔，要么是从挫折中吸取教训并努力改正错误。很明显，第二种态度更有利于我们的成长。工作、生活中，我们难免会产生失误，面对问题，我们要的不是推卸责任、逃避或者一蹶不振，而是应该保持清醒的头脑，找到问题的所在，吸取教训，主动承担，尽量做到不再犯同样的错误。

因此，要保持理智与清醒，正确看待问题，正确分析发生问题的原因，尤其是要主动地积极地检讨反省自己的过失，进而改正错误，使自己的工作重新回到正确的轨道上来。

事实上，无论是成就还是失误，都已成为过去。对已经发生的事情保持理智与清醒，成绩面前不盲目自大，事故面前不怨天尤人，始终保持良好的心态做好正在做的事。

60年前，加拿大一位叫让·克雷蒂安的少年，说话口吃，曾因疾病导致左脸局部麻痹，嘴角畸形，讲话时嘴巴总是向一边歪，而且还有一只耳朵失聪。听一位医学专家说，嘴里含着小石子讲话可以矫正口吃，克雷蒂安就整日在嘴里含着一块小石子练习讲话，以致嘴巴和舌头都被石子磨烂了。

母亲看后心疼得直流眼泪，她抱着儿子说："孩子，不要练了，妈妈会一辈子陪着你。"克雷蒂安一边替妈妈擦着眼泪，一边坚强地说："妈妈，听说每一只漂亮的蝴蝶，都是自己冲破束缚它的茧之后才变成的。我一定要讲好话，做一只漂亮的蝴蝶。”

功夫不负有心人。终于，克雷蒂安能够流利地讲话了。他勤奋且善良，中学毕业时不仅取得了优异的成绩，而且还获得了极好的人缘。

1993年10月，克雷蒂安参加加拿大总理大选时，他的对手大力攻击、嘲笑他的脸部缺陷。对手曾极不道德地说：“你们要这样的人来当你们的总理吗？”然而，对手的这种恶意攻击却招致大部分选民的愤怒和谴责。当人们知道克雷蒂安的成长经历后，都给予他极大的同情和尊敬。在竞选演说中，克雷蒂安诚恳地对选民说：“我要带领国家和人民成为一只美丽的蝴蝶。”结果，他以极大的优势当选为加拿大总理，并在1997年成功地获得连任，被国人亲切地称为“蝴蝶总理”。

一个口吃少年变成人人敬仰的“蝴蝶总理”，他真的如蝴蝶一样，实现了自己人生的蜕变。在他的成功之路上，真正的动力就是辛勤和努力。虽然他刚开始有缺陷，但也正是缺陷的存在，才使得他认识到幸福与尽早努力的关系。

有人说，成功的关键，在于你一定得认识和了解自己，而这件事只有你自己才能完成，也是一个非得靠你才能解答的问题。谁能左右你的命运？谁能永久激励你？谁能保证你获得成功？答案是你自己，别人只能推波助澜而已！所以要获得成功，首先要先认识、了解自己。自己才是自己的最佳导师。保持理智与清醒，才能做到成绩面前不骄躁、挫折面前不气馁。

要做到保持理智与清醒，你就需要明白：

无论是你的委屈还是无奈，没有人会理会，当一切已经成为事实的时候，你要学着接受，接受所有的不公平。

当你被人欺骗、无法推翻别人的言辞的时候，尝试着接受这些，权当是因为你太有价值了，才成为别人贬低的对象。

当有人背信弃义时，你的指责能改变它吗？不能！那么就接受吧！全当是一种教训。

当你有人在你背后对你说三道四的时候，你觉得自己的争辩有意义吗？

如果答案是否定的，那就学会接受吧！全当是无聊者横飞乱吐的口沫在污染环境。

当你的爱人离你而去的时候，哭天喊地和苦苦哀求能让他（她）回头吗？如果不能，那么就接受吧！接受这残酷的现实，生活就是这样有聚有散、有合有离。

宽心策略

如果你冷静下来，你会发现，其实每一种创伤，都是一种成熟，活一天，就有一天的福气，就该珍惜。当你哭泣自己没有漂亮鞋子时，你会发现，原来还有人没有脚。所以宁可自己去原谅别人，也莫让别人来原谅你。世界原本就不是只属于你，所以，不必把“世界抛弃了我”挂在嘴边。万物皆为我所用，但非我所属。他人可以攻击、诽谤我们，但是并不代表我们可以用同样的手段对待别人，我们一定要保有一颗清净的心，这是一种善待他人的表现。人之所以痛苦，在于追求错误的东西，什么时候放下，什么时候就没有烦恼。与其说是别人让你痛苦，不如说是自己的修养不够。命运负责洗牌，但是玩牌的是我们自己！

第04章

宽心是放过自己：不畏惧将来更不沉湎于过去

有人说，我们可以把人生分为昨天、今天和明天，昨天已经过去，明天还未来到，我们所能掌控的只能是今天。的确，人生如梦，沉溺于过去，也只能让我们拾回一些残存的记忆和伤痕而已；而未来，我们谁也无法预料，殚精竭虑也无益处。因此，我们要善待自己，无论过去发生了什么，未来会发生什么，我们都要放宽心，只有做到不畏将来、不念过往，我们才会收获最淡然的一份快乐。

梦想不只是个决定，还要有为之努力的行动

生活中，总有有些人慨叹：其实我并不喜欢现在的生活，我有自己的梦想……谈了一大堆的计划，一大堆的梦想，可是，最后他们并没有去实践，如果这么一问，他们还会摇摇头说：不行啊，无奈啊，没办法啊……真的有那么无奈吗？既然无力改变又何必总是埋怨？既然埋怨、不满，又为何不去努力改变？

当你对工作、对生活有了最初的梦想，你是不是能够大胆地去实践？还是仅仅把它作为一个遥不可及的梦想，最后只能默默地埋藏在心底，到老了才感到莫大的遗憾？

我们大多数人都与梦想渐行渐远。为什么呢？因为我们都认为梦想终归是梦想，只把它当成了遥不可及、无法实现的目标。我们有很多理由，例如：我没有足够的资金开创自己的事业；我的学历不高；竞争太激烈，做这个太冒险了；我没有时间；我的家人不支持我……而没有足够的资金，没有学历，没有这个那个，其实都是缺乏意志力的人为自己找到的冠冕堂皇的借口。别忘了那句最常听说却最容易忽略的话：事在人为。

其实，梦想有时只是个痛快的决定，只要想做，并坚信自己能成功，那么你就能做成。这正是行动的作用。

汉斯从哈佛大学毕业后，进入一家企业做财务工作，尽管赚钱很多，但汉

斯并没有成就感，他不喜欢枯燥、单调、乏味的财务工作，他真正的兴趣在于投资，做投资基金的经理人。

在一次旅行的飞机上，汉斯与邻座的一位先生攀谈起来，由于邻座的先生手中正拿着一本有关投资基金方面的书，双方很自然地就转入了有关投资的话题。汉斯特别开心，总算可以痛快地谈论自己感兴趣的投资，因此就把自己的观念，以及现在的职业与理想都告诉了这位先生。这位先生静静地听着汉斯滔滔不绝的谈话，时间过得很快，飞机很快到达了目的地。临分手的时候，这位先生给了汉斯一张名片，并告诉汉斯，他欢迎汉斯随时给他打电话。

回到家里，汉斯整理物品的时候，发现了那张名片，仔细一看，汉斯大吃一惊，飞机上邻座的先生居然是著名的投资基金管理人！自己居然与著名的投资基金管理人谈了两个小时的话，并给对方留下了良好的印象。汉斯毫不犹豫，马上提上行李飞到纽约。一年之后，汉斯成为一名投资基金行业的新秀。

这个故事中，汉斯的人生的改变来自于他和这位基金管理人的结识，但如果他没有下定决心再次寻找这位投资人，想必他还有可能在做着单调的财务工作，更不可能实现自己的梦想。

可见，勇敢地尝试新事物，可以帮助我们发现新的机会，使你迈进从未进入的领域。生命原本是充满机会的，千万别因放弃尝试而错过机会。

事实证明，如果能够跨越传统思维障碍，掌握变通的艺术，就能应对各种变化，在变化中寻找到新机会，在变化中获取新利益。在我们的生命中，有时候必须做出困难的决定，开始一个更新的过程。只要我们愿意放下旧的包袱，愿意学习新的技能，我们就能发挥自己的潜能，创造新的未来。我们需要的是自我改革的勇气与再生的决心。

在第一次世界大战期间，法国有个很著名的上校叫泰勒，当时，他任第六师师长，他的处世方式很令人钦佩。

有一次，在他的儿子向他告别时，他告诫儿子说："孩子，记住：你的姓是泰勒，泰勒这个姓代表着做事能力。你永远不可以靠边站，让出路给其他敢于冒险的人走。你要冒险向前使他们让出路来给你走。"

接着，他继续说道："大街上行人拥挤，交通阻塞。但呼啸的消防车飞驰而过时，大家都自动地让出路来。当然你偶尔也会感到沮丧、软弱，但这正是你需要鼓起战斗勇气的时刻。只要你迈步向前，沮丧、软弱都会躲开你。"

一个人不愿改变自己，往往是舍不得放弃目前的安逸状况。而当你发觉不改变是不行的时候，你已经失去了很多宝贵的机会。任何成功都源于改变自己，你只有不断地剥落自己身上守旧的缺点，才能做到敢为人先，才能抓住第一个机会，才能实现自己的进步、完善、成长和成熟。

另外，在你进行尝试时，难免会产生一种"不可能"的念头，对此，你必须要从心理上超越自己，只有这样，你才能站在高高的位置上，低头俯视你的问题并解决它。

宽心策略

总之，现代社会，没有超人的胆识，就没有超凡的成就。不敢冒险就是最大的冒险。勇于尝试才就有做第一个成功者的机会。胆量是使人从优秀到卓越的最关键的一步。你需要勇气，需要胆量，你不是弱者，机会是给敢于迎接挑战的人！

常常反思自己，但是不要让错误成为负担

我们都知道，人无完人，谁都有一些弱点，难免会犯错，人们在犯过一次错误后，多半都能从中吸取教训，找到错误的根源，从而避免再犯。因此，在错误面前，你大可不必自责，而应该学会总结经验教训。这就如同人们说的：

“不要为打翻的牛奶而哭泣。”你要明白的是，反思可以让你成长，但反悔无济于事。你需要做的就是，不断反思自己的过失，在反思中不断成长。

美国作家哈罗德·斯·库辛写过一篇《你不必完美》的文章。在文中，他写了这样一个故事：

因为在孩子面前犯了一个错误，他感到非常内疚。他担心自己在孩子心目中的美好形象从此被毁，怕孩子们不再爱戴他，所以他不愿意主动认错。在内心的煎熬下，他艰难地过着每一天。终于有一天，他忍不住主动给孩子们道了歉，承认了自己的错误。结果，他惊喜地发现，孩子们比以前更爱他了。他由此发出感叹：人犯错误在所难免，那些经常有些过失的人往往是可爱的，没有人期待你是圣人。

这个故事告诉我们：正视错误，才令我们完整。因此，在日常生活中，不要太苛求自己，只有不为昨天的错误而懊恼，你才会活得轻松。

现实生活中，可能你经常会遇到这样的情况：某次团队合作中，因为你的疏忽而影响了整个团队的成绩，对此，你肯定很懊恼，但懊恼又有何用？不停地抱怨，不断地自责，你只会将自己的心情弄得越来越糟。尘世之间，变数太多。事情一旦发生，就绝非一个人的心情所能改变。伤神无济于事，郁闷无济于事，一门心思朝着目标走，才是最好的选择。相反，如果跌倒了就不敢爬起来，就不敢继续向前走，或者就决定放弃，那么你将永远止步不前。

泰戈尔说过：“如果你因错过太阳而流泪，那么你也将错过群星。”的确，人生如变幻莫测的天空，刚才还晴空万里，转眼间阴云密布、倾盆大雨。但这些都是上一秒发生的事，人要向前看，不管过去多么悲伤失意，过去的总归过去，只有向前看，才会有希望。我们都应该记住泰戈尔的这句话，并把它作为鼓励自己的一句座右铭。年轻就是资本，无论昨天的你失去了什么，做错了什么，那都已经成为过去，你要做的是向前看，努力过好现在，充实自己，只有这样，你才会发现，你的前方就是一片星辰。

的确，人生就如四季的变化一样，有春夏秋冬的更替，才有不同的风景，不同的感受，因此，对于某个季节的美丽风景，就不要再牵挂。那路过的风景，只是为了丰富你人生的经历。对于人生的风雨坎坷，保持一颗乐观的心吧。那样，每天都会有个好心情。

当然，当你犯错之后，总会心情不佳，要化懊悔为动力，你可以采取以下方法：

（1）仔细分析现状，找到自己的问题，不要怪罪于任何人；

（2）给自己的重新制订一份计划，这份计划必须要考虑到前一次失败的原因；

（3）不妨去想象一下自己在获得成功后的欢愉场景；

（4）收起那些曾经让你不快的记忆，它们现在已经变成你未来成功的肥料了；

（5）重新出发。

你可能必须再三试行这五个步骤，然后才能如愿达成目标。重要的是每尝试一次，你就能够增加一次收获，并向目标更加靠近一步。

当然，我们不必为昨天的错误而流泪，并不意味着我们可以为自己的错误推卸责任，相反，一经发现过错，我们就要勇于改正，这才是真学问、真道德。

什么是真正的过错？一个人有过错不要紧，过而能改，善莫大焉；如果有过错而不肯改，这才是真正的过错。

这一启示告诉生活中的你们，你若想逐步完善自己，就必须戒除任何借口，主动改正错误。为此，你需要做到：

1. 找到自己需要改进的地方

①性格弱点。人无法避免与生俱来的弱点，必须正视，并尽量减少其对自己的影响。比如，如果你独立性太强，可能在与人合作的时候，就会缺乏默契，对此，你要尽量克服。

②经验与经历中所欠缺的方面。“金无足赤，人无完人”，每个人在经历和经验方面都有不足，但只要善于发现，只要努力克服，就会有所提高。

2. 自我反省

当你获得一定的荣誉、取得一定的成绩后，最难能可贵的就是胜不骄败不馁，懂得自我反省，才会不断进步。

3. 正视自己，不要害怕犯错误

人无完人，所以，谁都有可能犯错。关键是你要告诫自己，下次不能再犯。相反，假设你在做事前就谨小慎微，暗示自己决不能犯错，那么，你反而因为有心理压力而做不好，而且，害怕犯错误会让你倾向于掩盖错误。你会离谦虚这两个字越来越远。想要不再害怕犯错误就要从现在开始，正视错误并积极主动地改正错误。当自己犯错的时候，第一想到的就是怎样挽回，而不是怎样逃避。

宽心策略

总之，我们要做个凡事向前看并且善于自我反省和自我纠错的人，只有这样，才能够发现自己的缺点，然后加以改正，使自己不断进步，扬长避短，发挥自己的最大潜能。

事实无法改变，那不如就坦然接受

人生道路上，总是会出现我们无法预料的事情，我们渴望成功，但结果并不一定如我们所想象，那么，我们在不能避免、不可改变的事实——失败面前，最好的态度就是认定事实，做出积极乐观的反应。

然而，在面对困难和失利时，我们总是听到一些人不停地抱怨，不断地自责。这样一来，将自己的心情弄得越来越糟。这种对已经发生的无可弥补的事情不断抱怨和后悔的人，注定会活在迷离混沌的状态中，看不见前面一片明朗的人生。

事实上，我们的生命正因为挫折而精彩。因此，在挫折面前，我们必须要具备一定的承受挫折的能力，在既定事实面前，与其终日惴惴不安，还不如坦然接受，当然这需要我们历练一份坦荡的心境，只有这样，我们才能以豁达的胸怀来应对生活中的每一份酸甜苦辣，让原本平淡乏味的生活焕发出迷人的色彩。

1985年9月19日清晨7时19分，墨西哥西南岸外太平洋底发生8.1级强震，震波约2分钟到达墨西哥城。顿时，该城整个大地突然剧烈颤动，仅仅90秒钟的时间，市中心30%的建筑物便化为瓦砾。在这次地震前的几小时，可爱的胡安娜·哈斯敏·阿利亚斯出生了，在那场灾难中，她失去了妈妈，但同时她又很幸运，她是当年警察和士兵们从墨西哥城华雷斯医院废墟里救出的第一个孩子。

爸爸因为无法承受失去妻子的痛苦而和年幼的胡安娜疏远。一直以来，她都住在自己的姨妈家中。但当别人问胡安娜“那场灾难让你失去了母亲，你有什么想法？”时，胡安娜并不会觉得又一次被触碰了伤疤，她从没觉得自己和身边的其他人有什么不一样。对她而言，抚养她长大的姨妈给了自己全部的爱，她就和母亲一样。妈妈能给予的，姨妈也毫无保留地给予了她。

长大后胡安娜接受了墨西哥城特意成立的一个专门的心理医生小组的治疗，积极的心理治疗让胡安娜跨过了那道艰难的坎。

胡安娜说，正因为知道自己能活下来就是生命的奇迹，所以她要做的就是“朝前看”。现在的胡安娜已经结束了在墨西哥工业技术研究和服务中心的时尚设计课程，她希望在政府专项帮助“奇迹婴儿”的项目资金的支持下，再去学习英语，并上完大学课程。

的确，胡安娜的心态是值得很多人学习的，灾难已经发生，就不要再回首，当你回头往事看那个绊倒你的坎时，你又会想起以前的不幸经历，之前的伤疤又会被重新揭开，隐隐作痛。把头抬起来，天空依然星光灿烂。苦难有时会置人于死地或让人颓废，但有时也会使人焕发巨大的潜能，快速地成长。

通过这个故事，我们也要向胡安娜学习，无论你在生活中遇到什么，你都要乐观，抛却那些伤心的往事，抛却那些失败后的懊恼，若想开心地生活，就必须勇于忘却过去的不幸，重新开始新的生活。

莎士比亚说过："聪明的人永远不会坐在那里为自己的损失而哀叹。他们会用情感去寻找办法来弥补自己的损失。"美国著名文学家华盛顿·欧文曾有过这样一句名言："人世间的任何境遇都有其优点和乐趣，只要我们愿意接受现实。"这句话也是告诉我们，无论发生了什么，我们首先要做的就是学会接受它，然后学会适应它，只有这样，我们才能以崭新的面貌走出困境。

有句话说得好，"不经一番寒彻骨，怎得梅花扑鼻香"，只有不断经历摔倒的苦痛，才能脱胎换骨。挫折，一个谁也不想遇到，但谁也无法避免的东西。所有的人都畏惧它的存在，这都是因为人们并没有真正理解挫折的本质。挫折本身是无罪的，可是人们却十分讨厌它。其实，正是因为挫折，才使我们的生活变得更加精彩，才使我们获得成功。挫折能将生活、家庭乃至世界变得更加精彩。如果你未经历一次挫折就直接获得了成功，那么，你就不会去努力创新，等待你的将是两个极端……光辉的一生或一辈子的失败。而如果经过挫折后取得了成功，你将会拥有最高的荣耀，你不会因为没有创新而被淘汰，也不会因失败而消沉一辈子。

有位哲人说过："假如上帝在你面前撂下了一座山，那么你绝不要在山脚下哭泣！翻过它就是了！"多么富有哲理的话呀！我们确实要用希望的力量来武装自己，勇敢地去翻越挡在自己面前的那一座座生活的高峰。所以，在生活中，无论遇到多么难办的事，我们都要保持积极乐观的心态，相信一切问题都会解决的。

宽心策略

总之，心态不仅体现一个人的智慧，更决定一个人的生活，命运和价值的取向。心态是我们成功的关键，生活中每一个成功者无不是心态的主人。良好的心态对于我们的成功具有决定性的作用，不管我们做什么，首先我们应该学会保持良好的心态。而一个人，只有学会承受成败的痛苦，才能重新聚集起精力去为成功创造条件。没有人能有足够的情感和精力，既抗拒不可避免的事实，又创造一个新生活，你我只能在其中选一个。

放下心头负累，人才能轻松前行

人生苦短，有喜就有悲，正如天气有晴有阴一样，阳光不会一直照耀着我们。正如旅途一样，生命之旅也不会一帆风顺，总会有羁绊出现。那些羁绊，那些不如意，难免会使我们的心头产生重负，但如果我们在行走人生的路上，一直放不下，那么，我们的世界将充满灰暗，我们也会感到身心俱疲。事实上，无论过去发生了什么，我们都要宽待自己，都要做到不念过去，都要朝前看，只有这样，我们的旅途才会充满阳光。

的确，一个人生活得快乐与否，完全决定于个人对人、事、物的看法如何，因为生活是由思想造成的。如果我们能积极向前，想的都是欢乐的念头，我们就能欢乐；如果我们想的都是悲伤的事情，我们就会悲伤。的确，人生在世，快乐是一生，忧郁也是一生，是选择快乐还是忧郁，这完全取决于做人的心态，正确的做法就是不断培养自己乐观的心态，远离悲观，它既是一种生活艺术，又是一种养生之道。

我们再看下面一个故事：

法正是一位德高望重的老禅师，每年都有成千上万的人去请他解答疑问，或者拜他为师。这天，寺里来了几十个人，全都是心中充满了仇恨而因此活得痛苦的人。他们跑来请法正禅师替他们想一个办法，消除心中的仇恨。

法正禅师听说他们的痛苦后，笑着对他们说："我屋里有一堆铁饼，你们把自己所仇恨的人的名字一一写在纸条上，然后把每个名字贴在一个铁饼上，最后再将那些铁饼全都背起来！"大家不明就里，就都按照法正禅师说的去做了。

于是那些仇恨少的人就背上了几块铁饼，而那些仇恨多的人则背起了十几块，甚至几十块铁饼。

一块铁饼有两斤重，背几十块铁饼就有上百斤重。仇恨多的人背着铁饼难受至极，一会儿就叫起来了，"禅师，能让我放下铁饼来歇一歇吗？"法正禅师说："你们感到很难受，是吧！你们背的岂止是铁饼，那是你们的仇恨，你们的仇恨你们可曾放下过？"大家不由地抱怨起来，私下小声说："我们是来请他帮我们消除痛苦的，可他却让我们如此受罪，还说是什么有德的禅师呢，我看也就不过如此！"

法正禅师虽然人老了，但是却耳聪目明，他听到了，一点也不生气，反而微笑着对大家说："我让你们背铁饼，你们就对我仇恨起来了，可见你们的仇恨之心不小呀！你们越是恨我，我就越是要你们背！"有人高声叫起来："我看你是在想法子整我们，我不背了！"那个人说着当真就将身上的铁饼放下了。接着又有人将铁饼放下了。法正禅师见了，只笑不语。终于大部分人都撑不住了，一个个悄悄地将身上的铁饼取些出来扔了。法正禅师见了说："你们大家都感到无比难受了，都放下吧！"大家一听立即就将铁饼放了下来，然后坐在地上休息。

法正禅师笑着说："现在，你们感到很轻松，对吧！你们的仇恨就好像那些铁饼一样，你们一直把它背负着，因此就感到自己很难受很痛苦。如果你们像放下铁饼一样放弃自己的仇恨，你们也就会如释重负，不再痛苦了！"大家听了不由地相视一笑，各自吐了一口气。

法正禅师接着说道："你们背铁饼背了一会儿就感到痛苦，又怎能将仇恨背负一辈子呢？现在，你们心中还有仇恨吗？"大家笑着说："没有了！你这办法真好，让我们不敢也不愿再在心里存半点仇恨了！"

在我们的生活中，不少人都把曾经的仇恨、悲伤、嫉妒等各种情绪放在心上，但这些负面情绪，正是让我们劳累的重负，如果你不愿意放下，那么就是跟自己过不去，就是让自己受罪。如果你心头有重负，不妨放下吧，你会发现，你就像卸下了一块大石头一样轻松。

其实，我们每个人都有过去，甚至这些过去是悲伤的，只不过有的人愈合得天衣无缝，有的人留下累累疤痕，有的人在小小不言的刺激下，就面目全非，我们可以受伤，我们可以流血，但我们要在最短的时间内医治好自己的伤口，尽可能整旧如新，没有幸福，谁也别想留住健康。

命运是个让人琢磨不定的怪物，它的性格喜怒无常。它会出人意料地给人带来惊喜，同样也会毫无来由地给人送来可怕的灾难。但无论我们遇到了什么，我们都要记住，一切都将成为过去，我们不必把那些过往都积压在心头，否则，它们就会占据我们的心灵，让我们失去欢乐，永远生活在阴影里。

宽心策略

总之，快乐的人懂得善待自己，他们总会给自己创造快乐，悲伤的人也总让自己变得悲伤，不是生活让你怎么样，而是你使得生活怎么样。我们每个人都有自己快乐，只要你能找到它，那就是幸福了。

人生没有回头路，勇敢向前走吧

南唐后主李煜在《乌夜啼》中写过这样一句诗：“人生长恨水向东”，其实，人生何尝不是如此呢？自打我们来到人生的那一刻起，我们就像奔流不息的溪水一样往前走、从不停歇。岁月匆匆，人生漫漫，时光的逝去，让我们不知不觉从童年到青年、中年，再到老年，我们可以控制很多人和事，但却抵挡不住岁月的流逝，曾经的梦想、意气风发，都会在漫漫人生路途中消磨殆尽，随着时间一去不复返。

在幼年，我们学会了语言；在少年，我们懂得了教养；在青年，我们明白了是非；在壮年，我们体会了恩怨；在老年，我们参透了生活。但当你蓦然回首那些岁月时，发现无论是辉煌还是凄凉，也不管是成功还是失败，没有谁能让时间的车轮倒转，更没有谁能让火热的青春重现。时光已在岁月中逝去，一切都难以再挽回。当人生在走到生命尽头的时候，就会感慨人生留下了太多的遗憾。

生命对于每个人只有一次，这是一条不归路，人生没有回头路，绝没有第二次选择的机会。我们没有办法去给自己作假设，也永远不知道未来会发生什么，所能做的就是一步步向前走去。人生一旦选择了一条自己喜欢的路就没有理由不走下去，也没有什么可以后悔的。要知道自己所走的路，一定会走得很艰辛，不要去奢望什么，更不要逼迫自己。

因此，生活中的人们，无论你经历过什么，或者正在经历什么，都请记住，一切都会过去。把一切交给时间，不念过往，不畏将来，学会善待自己。曾经有这样一个故事：

伟大的所罗门王曾经做过一个梦，梦中的智者告诉他一句至理名言，记住这句话，可以让人在得意时不骄傲，失意时不痛苦。但是所罗门王醒来时却忘了这句话是什么，他召集了王国里最有智慧的长者，并且给了他们一枚戒指，告诉他们，如果想出这句梦中的话，就把它刻在这枚戒指上。几天后，戒指被送还给所罗门王，上面刻着：“一切都会过去！”

是的，一切都会过去的，无论发生什么，它终将成为过去，未来将会来临。当你感到情绪低落时请以这句话自勉。而事实上，任何痛苦和逆境都是有意义的，你现在所受到的痛苦，不是毫无意义的。人生不如意，十之八九。人一辈子会碰上许许多多的痛苦，这是我们无法避免的。痛苦可以让人颓废，也可以激发人的斗志。痛苦磨炼了人的意志，让人们不会轻易被困难所打倒。

人生有高潮就有低谷，人生如同一场游戏，没有一个定数，所以又何必处处计较？不如保持信心与期待，胜不骄，败不馁，在这个美丽的人间留下自己坚实的足迹。或许你以为在你面前是很难翻过的门槛，其实当事情过去以后，你会发现，这在你人生路上是多么不起眼的一件事情，根本无须惊怕，所以，你应该重新扬起自信的风帆，鼓起劲儿摇桨，向成功的彼岸进发。

人生路上风光旖旎、五彩缤纷，人生的改变也许就在那瞬间，要把握好每一个可能的机遇，这样，人生才会少一些遗憾。也许人生就是这样地不完美，这是一种遗憾，但也是一种公正。人生没有回头路，正因为不可以重来，生活才有滋有味，人生才多姿多彩；正因为不可以重来，我们才应学会珍惜现在，才应懂得开拓未来。

人生没有回头路，只能在叹息和惋惜中回味曾经的拥有，人生有许多珍贵的东西，是值得我们一生回忆的；但更多的是让我们明白了很多的道理。既然改变不了生命的长度，那么我们就努力去拓展生命的宽度吧。我们如果已经错过了春花夏雨，那就绝对不能再错过秋月冬雪。我们在生活中行走，在行走中学会了好好地生活，人生之路是直路也好，是弯路也罢，都要走好每一步，人生没有回头路可走。因此，我们还要记住一点，把握好今天，充实自己，才能更好地迎接明天。

一只猴子被暴风雨淋得晕头转向，浑身发抖，无处可躲。于是，它决定明天一定造一个漂亮舒适的房子。可是，第二天雨过天晴，猴子却伸了伸懒腰："等明天再造房子吧。"于是又尽情地玩去了。时间一天一天地过去了，猴子却一直没有把房子造好，只是暴风雨又来临之时，它才后悔不迭。

"明日复明日，明日何其多"，我们决不能像那只贪玩的猴子那样，总把希望寄托在明天。抓紧时间，做今天的事才是最实在的，才能解决当下的问题。

人生百味，百味人生。我的一生中，经历了无数的人和事，有欢乐，有痛苦；有顺境，也有逆途；有经验，更有教训。一个迷茫的梦，一段遗憾人生！就这样我们行走在生活中，走过了一个又一个的昨天。人生只有三天，昨天已成过去，无法重新上演；明天属于将来，无法给自己预先写好剧本等待自己的演绎；只有今天才是应该珍惜的。现实的世界令人应接不暇，沉浸往事只能倾斜心灵的天平，寻觅过去只能拾回尘封的梦幻。

宽心策略

只有把失落、遗憾和悔恨埋进昨天，我们才能真正拥有一个崭新的今天；只有把勤奋、拼搏和执着播满今天，我们才能真正拥有一个灿烂的明天，才能看到人生壮丽的风景，才能享受生活丰富的内涵。人生只有在向彼岸不断进取的征途中，才能焕发出绚丽迷人的光彩……

离开的那个人，或许是给了你变好的机会

生活中无不存在着得与失、进与退、坚持与放弃、去与留、成功与失败，面临着一个个主动或被动，有意或无意的选择、巧合和错过。有得必有失，有失也会有得。

张小娴曾说过这样一句话："谢谢你离开我"，这句话是要告诉所有处在失恋痛苦中的人们，爱情让人成长，失去的是一段感情，但你获得的，是人生的一次体验和成长。感谢那个离开你的人，是他们让我们变得更好。

我们不妨先来看下面一段爱情故事：

"我认识我老公的时候，他当时正失恋。随后，他开始追我，那阵子我身体很不好，住在医院，他便天天去看我。但家里以及所有的朋友都反对我嫁他，其中一个朋友对我说，穷男人不能嫁，花心男人更不能嫁，如果又穷又

花心，那就是火坑。他们告诉我他在我之前至少跟5个女人同居过。我没有介意，因为他并没有瞒我。结婚一个月后我怀孕了，到那时我才知道，他为了娶我，欠了很多债。我跟他商量，以后他的工资做日常开销，我的存起来，以备不时之需。他同意了。但因为我的工资比他高出很多，结果每个月发薪水那天，他都会发脾气。再后来女儿落地，他却在那个时候辞了职，说是要做生意。我把我全部的积蓄都给了他。

不幸的是，他根本不是做生意的料，钱全部赔掉了。孩子出生后三个月，我就开始上班了，因为家里实在没钱了。而就在那个时候，我发现他有了外遇。他对我坦白，说他过去的那个女朋友来找他了。我当时就哭了，但他向我保证，以后不会再做对不起我的事情。但不久，我就撞到他们在一起，那一次，他竟然当着她的面对我说离婚。那件事情对我打击很大，我病了很长时间。大概两个月后，他来找我，赌咒发誓甚至跪在我面前求我，我相信了他。但不料，我又发现了他和那个女人的暧昧短信。最近我发现自己又怀孕了，我说等我把孩子流掉之后，咱们分开吧，他说不要老说这些话，我跟她没有可能的，你永远是我的老婆，他说想要这个孩子，但是被他伤了这么多次之后，真的很难再去相信他，我到底应该怎么办？”

可能当我们听完这个故事之后，一定会说，这样的男人还有什么好留恋的？换句话说，如果这样的事情发生在她周围的任何一个朋友身上，估计她自己都会坚定地说：“离婚！”但有时候，面对情感，人们就是这样执着，也许你会认为，哪有那么容易做到？但你要记住，苦难是强者的垫脚石，是弱者的深渊。有很多出名的女人，是把背叛的男人当做“垫脚石”的，她们经历了不幸，把不幸变成了人生的财富。

有时候，失恋也未必不是好事。也许，那段你以为刻骨铭心的恋情，其实并不是你所真正需要的爱情。有道是强扭的瓜不甜。爱是两个人的事，不能一厢情愿。爱与被爱，彼此欣赏，相敬如宾，忠贞不渝，互悦互助互动，才是爱的真谛和最高要义与外在形式。那种单相思，独角戏，多角恋，朝三暮四，始乱终弃，见异思迁，喜新厌旧，或视爱情如游戏，婚姻如交易，恋爱动机不纯的现象，充斥神圣的爱情伊甸园，成了当今文明社会“情感市场”的一大景观，屡见不鲜。同时，真正爱一个人，也会尊重对方的选择，处处为对方考虑，即使不能在一起，依然心中有爱，不会将爱变成一种伤害，化爱为恨。那种所谓爱不成，则因爱之深，恨之切，走向报复毁灭他人或自己的说法与做法，是不懂爱，误解爱，曲解爱的无稽之谈，是狭隘的占有心理。既不可取，不可爱，不理智，也玷污了爱的神圣和原意。

为此，情绪稳定以后，要对失恋有一个正确的认识：

恋爱与失恋都只是一种选择的结果，他没有选择你，并不是表明你一无是处，而只是彼此不合适而已。

你从失恋中获得的，是其他任何经历都不能给予的财富，在这个过程中，可能你会体会到一种难以遏制的痛苦、一种心灵的冲击，但正是因为这样，你更应该把它当成一笔人生的财富，它使你有了更多的人生体验，使你在失恋中变得更加成熟。

失恋是另一场爱情的开始，你要明白，失恋可能对于你来说是一次挫折，但却给了彼此另一次恋爱的机会。

宽心策略

爱情本身是一种美。然而有恋爱就有失恋。失恋这种痛苦的情感体验，会给人们造成不同程度的心理创伤，往往会使人处于强烈的焦虑、自卑、悲伤甚至绝望的消极情绪中，也会使一些人产生自暴自弃、对人不信任、猜忌、报复等不良心理障碍。从这个角度讲，失恋可以称为人生中最严重的心理挫折之一。然而，失恋也是个人成长的一部分，如果能正确对待，它就会成为生命中的一种蜕变和提升。因此，任何一个人，都必须以乐观的心态面对爱情，要学会坦然面对爱情带来的悲欢离合，走出失恋的阴影，经历成长，继续在美好的人生路上轻舞飞扬。

做第一个吃螃蟹的人，你才能比别人快一步

可以说，生活中，人们都想成功，但却很少有人愿意为成功付出努力。而那些成功者之所以会成功，是因为他们即使害怕也会行动，而大多数人正是因害怕而没有作为。约翰·沃纳梅克——美国出类拔萃的商业家这样说过：“没有什么东西你是想得到就能得到的。”成功的人与那些一生平庸的人的最大区别，就是——行动！如果你能追溯那些成功人士的奋斗之路，你就会感叹：“难怪他会做得这么好！”怎样才能获得最大的成功呢？是马上行动！只要你敢于迈出别人不敢迈的那一步，你就能比别人快“半拍”，就能成为第一个吃螃蟹的人。

因此，我们每个人要想成功，就应该做到敢为人先，就要认识到行动的重要性。现代乃至未来社会，执行力就是竞争力。成败的关键在于执行。有个故事告诉我们行动的重要性：

有一个穷和尚和一个富和尚都住在一个偏远的地方，有一天，穷和尚对富和尚说：“我想到南海去，您看怎么样？”富和尚说你凭什么去呢？穷和尚说：“一个水瓶，一个饭钵就足够了。”富和尚说：“我多年来就想租船沿长江南下，现在还没做到呢。你凭什么走？”第二年，穷和尚从南海归来，把去南海的事告诉了富和尚，富和尚深感惭愧。

人生目标确定容易实现难，但如果不去行动，那么连实现的可能也不会有。没有行动的人只是在做白日梦，所以心动不如行动，勇于迈出行动的第一步，你成功的机会就会增加，而光想不做，那你将永远没有实现计划的可能。

在科技发达的今天，谁要想比别人快半拍，方法众多，有些人采取的是技术领先，有些人胜在信息渠道众多，但无论如何，只要你在某一方面是他人无法企及的，你就掌握了取胜的武器。日本的索尼公司就是通过不断推出新产品，经常享受“垄断”所带来的厚利而成长起来的。

索尼公司从20世纪50年代中期开始成长。他们不断推出一些市场上不曾有过的产品，如电晶体收音机、电晶体个人专用电视机等，由于索尼公司对市场引导的先锋性，以至于每推出一种新产品，其他大公司都会静观其变，如果成功了，他们马上推出相似产品上市。如此，索尼公司更必须具有先锋性的创意，才能保证有足够的发展动力。

某一天，索尼公司总裁盛田昭夫看到一个职员一手提着手提式录音机，一手拿着耳机，看起来不太开心，盛田昭夫问他有什么心事，他说："喜欢听音乐，可提着听太不协调了。"一个创意很快来到盛田昭夫的脑子里——制一个随身能够听的录音机。在一次产品策划会议上，这个创意普遍不受欢迎，但盛田昭夫坚持尝试。不久，第一架带着小型耳机的实验品送来了，灵巧的尺寸与高品质的音效使他很开心。1979年索尼推出第一台随身听。

很快地，这种小型录音机供不应求，索尼公司借助广告来刺激销售，而且试制了不同机型，如防水、防尘机型，甚至有更多改良的机器型号。当然其效果是明显的，如著名指挥家卡拉扬、音乐名家史坦恩都找盛田昭夫订购，也许正因为如此，索尼公司才跻身全世界最大耳机制造商之林，在日本也占有将近50%的市场。

这样一个全新的市场，还担心别人的竞争吗？在他人已经涉足甚至做得如火如荼的行业里努力，远不如独自开辟一个市场更容易成功。比尔·盖茨曾经说过："微软处处领先，盖茨能成为世界首富，靠的就是不断的更新。我们要做第一个吃螃蟹的人，就要保证我们自己而不是别的什么人将我们的产品更新换代。对于一个企业来说如此，对个人来说也是如此。"

不难发现，我们生活的周围，很多人都对未来做出了各种各样的构想，但真正执行的人却少之又少。每每考虑到会有失败的可能，他们就退缩了。因为他们怕被扣上愚昧的帽子，遭到别人取笑；他们不敢爱，因为害怕不被爱的风险；他们不敢尝试，因为要冒着失败的风险；他们不敢希望什么，因为他们怕失望……这种可能会遇到的风险，让他们畏首畏尾，举步维艰，他们茫然四顾，不知道自己的出路在何方，殊不知，如果你连第一步都不敢迈出的话，你永远不可能看到追求人生目标之路上的风景。

杰克·韦尔奇曾如此说道：如果你有一个梦想，或者决定做一件事，那么，就立刻行动起来；如果你只想不做，是不会有所收获的，而你也只会落得失望的结果。

人间的事情没有一件绝对完美或接近完美，如果要等所有条件都具备以后才去做，只能永远等待下去了。如果一个人一直在想而不去做的话，根本成不了任何事。

那么，青少年阶段的你们，从现在起，请记住下面两条忠告：

1. 切实执行你的创意，以便发挥它的价值

不管创意有多好，除非真正身体力行，否则永远没有收获。

2. 遵从你内心的热情

如果你热爱什么，就大胆地去做吧。比如，在学习上，选择对你有意义并且能让你快乐的课，不要只是为了轻松地拿一个A而选课，或选你朋友上的课，或是别人认为你应该上的课。

宽心策略

总之，你需要记住，千里之行，始于足下；不积跬步，无以至千里；不积小流，无以成江海。凡事要想做大，都得从小处做起，从眼前最基本的事物做起。如果一个人心里有远大的理想，却不愿意一步一步去努力，那他永远也不会有美梦成真的那一天。

第05章

宽心是直面现实：纵使生活艰难也要从容而行

生活中，人们常常祝福他人万事如意，然而，这只是人们的美好愿望，人生的道路崎岖不平，总是充满着各种艰辛，一些人做着自己不喜欢的工作，兴趣和工作难以统一；一些人和不喜欢的人在一起生活，婚姻和爱情不能统一；一些人能力和潜力都无法得到充分发挥，等等。人们都在感叹生活不如意，但其实并不是生活艰难，而是我们的脚步不从容。现实中总有太多的不完美、不如愿、不尽如人意。因此，我们不妨调整心态，正视这些遗憾，把缺憾当做朋友，这样，我们的人生才会圆满。

在艰难的人生中多些宽容，何必相互为难

我们都知道，身为社会人，我们难免要与人打交道，也就难免要产生摩擦、误会，此时，如果我们多体谅、包容他人，那么，彼此都能相视一笑，而如果我们“得饶人处不饶人”，那么，只能加大彼此间的矛盾，甚至产生仇恨。

有人说，人生原本艰难，又何必为难彼此？的确，宽容是人类的美德，更是一种最为宝贵的意识，人类社会的任何组织，小至家庭，大至社会、国家，要和谐共存，都离不开这个“宽容”的意识。

俗话说：冤冤相报何时了，得饶人处且饶人。这就是一种宽容，一种心胸开阔的表现。自古以来，宽容就被人们奉为一条至高的做人原则，也是中华民族传统美德推崇的一部分。生活中的每一个人，也要时刻记住宽容为不可或缺的美德，即使与自己的对手较量，也一定要心胸宽阔，容人之所不能忍，才能成就非凡的品质。有时候，包容他人，给别人一次机会，也就是给自己机会。

一次，楚王邀请群臣来喝酒，席间，为了助兴，楚王叫来了自己最宠爱的两位美人许姬和麦姬轮流向大家敬酒。

因为是在室外举办的宴会，所以，当一阵狂风吹来时，在场的所有灯

笼和蜡烛都被吹灭了。此时，一个好色的官员趁机摸了许姬的玉手。许姬当然本能地甩了一下手，谁知道，这下子，她一不小心扯掉了这位官员的帽带，然后她匆匆回到座位上并在楚王耳边悄声说："刚才有人乘机调戏我，我扯断了他的帽带，你赶快叫人点起蜡烛来，看谁没有帽带，就知道是谁了。"

楚王听了，并没有责备那位官员，而是立即令人先不要点蜡烛，并对在场的所有人说："我今天晚上，一定要与各位一醉方休，来，大家都把帽子脱了痛快饮一场。"

有了楚王的命令，大家也只好脱了帽子，自然也就看不出是谁的帽带断了。后来楚王攻打郑国，有一健将独自率领几百人，为三军开路，斩将过关，直通郑国的首都，此人就是当年揩许姬油的那一位。他因楚王施恩于他，而发誓毕生效忠于楚王。

"人非圣贤，孰能无过。"很多时候，我们都需要宽容，宽容不仅是给别人机会，更是为自己创造机会。

的确，在我们与朋友交往的过程中，难免会遇上令人难以忍受的事情，也难免会产生一些摩擦，此时，如果我们凡事好争斗，非得争个是非对错，甚至得理不饶人，那么，长此以往，你的朋友必将远离你。我们不得不承认，很多朋友之间的友情就是由于无法彼此互相谅解和宽容而土崩瓦解，让人为之叹惋！而当我们以宽容的心来对待时，我们的朋友就会被我们高贵的品质、崇高的境界以及人格力量所折服，彼此之间的友谊就会更加牢固、长久。不过，宽容我们的对手说起来简单，做起来可并不容易。因为任何宽容都是要付出代价的，甚至是痛苦的代价。

其实，不仅与朋友相处需要一颗谅解的心，即便与你的对手较量，也不必把事做绝。俗话说："兔子急了也咬人"，你把别人逼得没有丝毫退路，对方除了奋力反击之外还能有什么选择？可见，对于我们的竞争对手或敌人，倘若我们能为对方留一条退路，那么，对方必定能感受到你的宽容，无疑，这是我们种下的善果，他日，对方必定也会为你留一条后路。

为了培养和锻炼良好的心理素质，人们要勇于接受宽容的考验，即使感情无法控制时，也要管住自己，忍一忍，就能抵御急躁和鲁莽，控制冲动的行为。对此，你需要做到：

1. 设身处地地从对方角度考虑问题，做到求同存异

宽容就是一种意见的保留，就是不勉强他人。从心理学角度讲，我们每个人的任何一种想法的产生，都是有理由的。如果你的想法与他人不同，那么，你应该多了解对方的这种想法的产生的根源，这样，你就能就能够设身处地地从对方的角度考虑问题了。

2. 用爱心包容别人

“包容”，归根结底，根源于爱和理解。只有心中有爱，我们才能以同情的态度对待他人，才会充分尊重他人的立场和见解。只有爱，才能消除彼此的敌视、猜忌、误解；而爱的荒芜和消亡，将使最亲密的人彼此伤害、仇视甚至兵戈相向。

3. 学会求同存异

当你与他人产生一些分歧时，不要显示你的嘴上功夫，将对方说得一无是处，甚至将对方贬低，这样做，只会恶化你们之间的关系。任何人都有自己的人生观、价值观等，对同一件事，自然也会有不同的看法，俗话说：“对事不对人”，有意见可以保留，但不能贬低他人。

宽心策略

总之，宽容是一种财富，拥有宽容，是拥有一颗善良、真诚的心。这是易于拥有的一笔财富，它在时间推移中升值，它会把精神转化为物质，它是一盏绿灯，帮助我们在工作中通行，选择了宽容，其实便赢得了财富。

在拿起来之前，先要学会放下

我们都知道，执着是一种良好的品质，是认准了一个目标不再犹豫坚持去为之努力，无论在前进中会遇到任何的障碍，都决不后退，努力再努力，直至目标实现。因此，执着被人公认为一种美德，然而，过分执着就变成了固执，这是一种弊病。固执的人之所以固执，是因为他们对于自己要做的事心存执念，他们认准了目标后便不再回头，撞了南墙也不改变初衷，直至精疲力竭。因此，有时候，要重新审视自己的行为，在拿得起前，你先要学会放下，放下那些无谓的执念，我们才能释怀，才能活得坦然。

有这样一个故事：

每天的同一时间，一辆豪华轿车总会穿过纽约市的中心公园。车里除了司机，还有一位无人不晓的百万富翁。百万富翁注意到，每天上午都有位衣着破烂的人坐在公园的椅子上死死地盯着他住的旅馆。

一天，百万富翁对此产生了极大的兴趣，他要求司机停下车，径直走到那人的面前说："请原谅，我真的不明白你为什么每天上午都盯着我住的旅馆看。""先生，"这人答道，"我没钱，没家，没住宅，只得睡在这长凳上。不过，每天晚上我都梦到住进了那所旅馆。"百万富翁听了以后，对他说："今晚你一定能如愿以偿。我将为你在旅馆租一间最好的房间，并付一月房费。"几天后，百万富翁路过这个人的房间，想打听一下他是否对此感到满意。然而，出人意料的是，这人已搬出旅馆，重新回到了公园的凳子上。

当百万富翁问这人为什么要这样做时，他答道："一旦我睡在凳子上，我就梦见我睡在那所豪华的旅馆里，妙不可言；一旦我睡在旅馆里，我就梦见我又回到了冷冰冰的凳子上，这梦真是可怕极了，以至于完全影响了我的睡眠！"

是啊，贫穷与富裕的生活，都有它的得与失，每一种生活都有它的得与失，正如俗话所说："醒着有得有失，睡下有失有得。"所以我们应该正视人生的得失，世间万事万物，来来去去，本就没有一个定数，我们不能左右世事，但可以左右自己的心。当我们拥有时，我们要懂得珍惜，失去时，也不可过分执着。人有悲欢离合，月有阴晴圆缺，以一份淡然的心面对，我们会释然很多。

有人说，人的心像大海，可以容纳波涛和沙粒，也会变得杂乱无序，有狂风暴雨时零乱无章，接着惊涛骇浪、海潮就会接踵而来，担忧多了，烦劳多了，包袱重了，我们就没有时间和心情去体会生命中的那些简单快乐和美好。其实很简单，快乐就是一颗水珠，它既可以是早上晶莹的露水，也可以是一朵跳跃的浪花，还可以是一颗感动的泪水。所以，心累与不累，快乐与不乐，都取决于自己的心境，心态好，则轻松快乐多一些；心态不平静，则会怨天尤人，抱怨和憎恨充斥着心灵。生活中的我们，不妨学会放下世俗的偏见，放下得与失给自己带来的困扰，给心灵一个干净、朴实、美丽的空间。

的确，人世间的一切，无论成败得失，花开花落，荣辱功过……无数人为了这些前仆后继、呕心沥血、殚精竭虑、机关算尽，但到最后，他们才发现，原来一切都是过眼云烟，最终都化为尘土，随风飘去了，留下的还能有什么呢？似乎什么都没有发生过。放下束缚心灵的负担，轻松愉快地走过这短短几十年的人世光阴，才是对我们生命最本质和简单诠释！

晋代的陶渊明在为官数十年之后，认识到官场的黑暗，于是，他最终弃官，归隐田园，虽然没有了生活的凭依，但他却感觉得意和轻松，毫无遗憾和留恋。"采菊东篱下，悠然见南山"就是他精神上的自由的最好写照。他这种洒脱的人生态度，千百年来，令多少人"高山仰止，心向往之"。

人的一生需要我们放下的东西很多。古人云：鱼和熊掌不能兼得。如果不是我们该拥有的，那么我们就得学会放下。人生注定要经历多姿多彩的风景，唯有放下具有别致的风韵。过去常听人说，人要懂得放弃。放弃是对事物的完全释怀，是一种高妙的人生境界。而放下则更具有丝丝缕缕的难舍情怀，是一首悠扬的乐曲，在每个人的心底奏起。

其实，生活中的我们也应该想一想，我们是否也心怀执念而让自己钻入了死胡同。坚持多一点就变成了执着，执着再多一点就变成了固执。人应该执着，但不应该错误地坚持一种想法，有时候，你可能没意识到的是，你坚持的想法是虚妄的。因此，我们应当学会放下，找到新的出路，重新审视自己的生活。

宽心策略

古人云：无欲则刚。真正的放下，才是一种大智慧、真境界。因为不属于我们的东西实在太多了，只有学会放弃，才能给心灵一个松绑的机会。表面上看，放下了就意味着失去，所以是痛苦的，然而，如果你什么都想要，什么都不想放下，那么，最终你什么都得不到。人生苦短，无非几十年，有所得也就必有所失。只有学会了放弃，我们才会拥有一份成熟，才会活得坦然、充实和轻松。

事态不能掌控，但心态可以

生活中，世事难料，因为任何事情都有一个变化发展的过程，此刻你不如意并不代表你一生不幸，人生充满得失，此时你满面春风并不代表你一生顺利，虽然我们不能掌握变化无常的事态，但我们可以掌控自己的心态。“不以物喜，不以己悲”，这种淡定通达的心态，正是现代人要追求的。

《老子》第五十八章：“祸兮福之所倚，福兮祸之所伏。孰知其极，其无正。正复为奇，善复为妖。人之迷，其日固久。”这就是说，无论遇到什么事，都不要迷于单向度的追求，而是要了解相依转换的道理，然后调整心态，走上自立自足的生活。祸福本身就是相互转换的，因此，不管你现在得到了什么，失去了什么，都不要纠结于一时，获得幸福需要我们把眼光放远，心态是自己选择的，祸会转化为福，福也会转化为祸，何不敞开心扉，坦荡地面对呢？

“塞翁失马，焉知非福”的故事，我们已经了然于心：

从前，有个智者，大家都叫他塞翁。

有一天，塞翁的马从马厩逃出去了，并跑到了胡人境内，很明显，这匹马就是别人的了。邻居们纷纷过来，向塞翁表达悲哀之情，但塞翁一点都不难过，反而笑笑说：“我的马虽然走失了，但这说不定是件好事呢！”

又过了几个月，这匹马居然自己跑回来了，而且还跟来了一匹胡地的骏马，这不是意外之财吗？大家都过来向他道贺，塞翁这回反而皱起眉头对大家说：“白白得来这匹骏马恐怕不是什么好事喔！”

塞翁有个儿子很喜欢骑马，有一天，他心血来潮，要骑这匹“外来马”，结果一不小心从马背上摔了下来跌断了腿，邻居们知道了这个意外又赶来塞翁家，慰问塞翁，劝他不要太伤心，没想到塞翁并不怎么太难过，反而淡淡地对大家说：“我的儿子虽然摔断了腿，但是说不定是件好事呢！”

儿子摔断了腿，塞翁居然说是好事，邻居们都莫名其妙，他们认为塞翁肯定是伤心过头，脑筋都糊涂了。过了不久，胡人大举入侵，所有的青年男子都征调去当兵，但是胡人非常剽悍，所以大部分的年轻男子都战死沙场，塞翁的儿子因为摔断了腿不用当兵，反而因此保全了性命，这个时候邻居们才体悟到，当初塞翁所说的那些话里头所隐含的智慧。

塞翁的确是个智慧的老人，他就懂得“福祸相倚”的道理，因此他既不以福喜，也不以祸忧。后来这个故事在民间流传久远，成为人们经常规劝他人的一个成语，比喻一时虽然受到损失，也许反而因此能得到好处。也指坏事在一定条件下可变为好事。

古时，尤其那些身为性情中人的文人骚客，情绪变化更是为人所不能掌控。王羲之的《兰亭集序》中就有此类心情的记载，此时的“是日也，天朗气清，惠风和畅。仰观宇宙之大，俯察品类之繁，所以游目骋怀，足以极视听之娱，信可乐也”快乐心情，突然能直转急下，变成“快然自足，不知老之将至”之时，这是真正的乐极生悲，不得不让人也为之心痛！事实上，这并不是我们应效仿的处事方式，但因“乐极”而“生悲”的事情生活中每天都在发生着。乐极生悲一词在中国几乎妇孺皆知，一般人对它的理解，往往是因快乐过度而忘乎所以、头脑发热、行为失矩，结果不慎发生意外，惹祸上身，转喜为悲。

可见，生活中，无论遇到什么事，心态一定要调整好，应随时随地、恰如其分地选择适合自己的位置，既不以福喜，也不以祸忧，才能在事情的起承转合上控制好。

《孔子家语》里记载：

一天，在众随从的陪同下，楚王出游，半路，他丢了弓，随从说要去找，但楚王却说；“不必了，我掉的弓，我的人民会捡到，反正都是楚国人得到，又何必去找呢？”

后来，孔子听说此事，很感慨地说：“可惜楚王的心还是不够大啊！为什么不讲人掉了弓，自然有人捡得，又何必计较是不是楚国人呢？”

“人遗弓，人得之”应该是对得失最豁达的看法了。就常情而言，人们都是有喜怒哀乐的，在得到一些利益或者遇到愉悦之事时，他们大都会喜不自胜，甚至得意扬扬；而遇到失意之事时，却表现出懊恼、痛苦的情绪。而那些内心豁达的人却能看淡得失和功过荣辱，无论遇到什么，他们都能做到心平气和、冷静对待。

宽心策略

总之，生活中的人们，对于得失，要学会以超越时间和空间的眼光去看待，要考虑到事物有可能出现的极端变化。这样，无论福事变祸事，还是祸事变福事，都有足够的心理承受能力。

简单行事，想法太多是一种负累

人的一生，要遇见很多人，经历很多事，不管我们愿不愿意，这些人和事，都会或多或少地在我们的心中产生挂牵。对于过去，我们常常会感到后悔；对于现在，我们也会经常陷入迷惘；对于还没有来到的，我们有太多的想法。如此，快乐总是与我们擦肩而过。

其实，人生幸福最大的敌人就是想法太多、患得患失，在这种心理的支配下，得到了会担心什么时候失去，就会千方百计地保住手里的东西；失去了又会心有不甘，就要处心积虑地想着如何再赚回来，每日忧心忡忡、殚精竭虑，又怎么能享受那份轻松的快乐呢?

不得不承认的是，我们每个人都要对生活、对人生有想法，毫无目的的人生显然是浑浑噩噩的，只是如果我们想法太多，那就会给自己带来更多的困扰。这些困扰就像是一块块压在心头的巨石，让我们的心逐渐变得冰冷而又僵硬，快乐也会随之离我们远去。那么，幸福、快乐的生活蓝图又是怎样的呢?

从前，有一对孪生姐妹，姐姐嫁给了一个有钱人，过上了锦衣玉食的生活，但她似乎并不快乐。妹妹则嫁给了一个开豆腐作坊的穷人。有一天，闲来无事的姐姐想去看看妹妹过的怎么样。来到妹妹家，她看到妹妹正在辛勤劳作，但却还唱着歌儿。姐姐恻隐之心大发，说：“你这样辛苦，只能唱歌消烦，我愿意帮助你，让你们过上真正快乐的生活，谁让我们是姐妹呢？”说完，她放下了一大笔钱，送给妹妹。

这天夜里，姐姐回到家后，躺在床上想："妹妹不用再这么辛苦做豆腐了，她的歌声会更加响亮的。"

第二天一早，姐姐又来到作坊，但却听不到妹妹的歌声了。她想，妹妹可能激动得一夜没睡好，今天要睡懒觉了。

但第二天、第三天，还是没有歌声。姐姐好奇怪。就在这时，妹妹拿着姐姐给的钱，着急地对姐姐说："我正要去找你，还你的钱。"

姐姐问："为什么？"

"没有这些钱时，我每天做豆腐卖，虽然辛苦，但心里非常踏实。每天晚上，能和丈夫、孩子一起数今天赚了多少钱。而自从拿了这一大笔钱，我和丈夫反而不知如何是好了——我们还要做豆腐吗？不做豆腐，那我们的快乐在哪里呢？如果还做豆腐，我们能养活自己，还要这么多钱做什么呢？放在屋里，又怕它丢了；做大买卖，我们又没有那个能力和兴趣，所以还是还给你吧！"

姐姐非常不理解，但还是收回了钱。第二天，当她再次经过豆腐坊时，听到里边又传出了小夫妻俩的歌声。这时，她似乎知道为什么妹妹过得比自己幸福了。

听完这个故事，可能也有些人有所感悟，的确，金钱、权利、地位都不是我们幸福的源泉，换个思维方式，其实，简单、平淡的生活就是对幸福的诠释，专注体会身边的幸福生活，并不断感悟，我们的幸福指数才会不断上升。

《飘》的作者玛格丽特·米切尔曾说过："直到你失去了名誉以后，你才会知道这玩意儿有多累赘，才会知道真正的自由是什么。"的确，在那光鲜靓丽的外表之下，在闪烁的灯光下，是一颗无法言说的疲惫的心。因此，幸福不是千金的财富，不是受人瞩目的地位，幸福是属于你自己的，如果你总是认为爱人赚的钱没有别人多，待遇没有别人好，孩子没有别人聪明，日子过得没别人滋润，那么你就感受不到幸福。而如果你把关注点放在家人的健康、有衣穿、有食物吃，一家人能够每天聚在一起吃饭，那么你就会觉得幸福。的确，关于幸福，换个思考的方式，一切就会不同。

可见，快乐缘于简单，想的多了，快乐便少了。心无挂碍，就能让我们放下一切多余的负担，与快乐结伴同行。那么，我们该如何放下那些太多的想法、专注于眼前的幸福呢?

首先，你需要看淡权力地位。

德国精神治疗专家麦克·蒂兹说：“我们似乎创造了这样一个社会：人人都拼命地表现，期望获得成功，达不到这些标准心里便不痛快，便产生耻辱感。”细究我们苦恼的原因，更多的是由于在现代的“嗜欲场”上，“肝肠”不是太“冷”，而是太“热”——太热衷于金钱、财富、地位、名声这些所谓“成功”的标准。达不到，就苦恼。什么程度算达到，自己也搞不清，因此只有永远苦恼下去……而学会以淡泊之心看待权力地位，这是免遭厄运和痛苦的良方，也是超然于世外的智慧。对这类苦恼，要想摆脱它，就要把名利，把世俗眼中所谓的“成功”看淡一些，就像屠隆讲的：“肝肠欲冷。”

其次，你要让自己成为一个有价值的人。

爱因斯坦说：“不要努力成为一个成功者，要努力成为一个有价值的人。”英国作家王尔德说：“人真正的完美不在于他拥有什么，而在于他是什么。”新时代的人们应努力为社会、为国家创造价值。比如，对于个人来说，过多的财富是没有多少用的，而为社会创造财富，并把多余的财富贡献给社会，这就能体现我们的价值。

宽心策略

可见，生活中的人们，如果你不想被芸芸众生所淹没，那就保持一颗区别于世俗的心。乐于淡泊，安于淡泊，并不表明拥有超凡脱俗的境界，而只是自己一种固有的生存方式的自然呈现。淡泊名利，你也就远离了苦恼，得到了幸福。

让心灵通达乐观，再苦也要多微笑

生活中，我们经常听到周围的人说，“和气生财”、“家和万事兴”之类的经验真谛，这些都充分说明了一个道理：因果联系，只有时时保持一种积极的人生态度才有获取成功的希望。我们也只有始终保持积极阳光的心态，才能获得幸福的人生。无论你遇到多大的挫折，必须都勇于承担，用乐观积极的心态去面对，即使心里再苦，也要阳光地微笑。因为任何人的一生，都需要他用心来描绘，无论自己处于多么严酷的境遇之中，心头都不应为悲观的思想所萦绕，应该让自己的心灵变得通达乐观。罗根·史密斯说过这样一段话，言简意赅，他说：“人生应该有两个目标，第一是，得到自己所想的东西；第二是，充分享受它。只有智者才能做到第二步。”

“奶茶”刘若英是个典型的不以美貌成名的歌手和演员，她恬淡的气质和婉转的歌声都深入人心。可是我们可能不知道她在出道前的那段艰苦的日子。

出道之前，她曾经在唱片公司做了三年的小助理，助理的工作很辛苦，也很琐碎，背吉他、买盒饭等杂活都要她做。“当时真的很辛苦，也常常身上没有半毛钱。”刘若英说，有一天半夜要回家，却发现身上没钱坐车回家，只好拿着提款卡去取钱，第一次按五百元显示“余额不足”；第二次按一百元还是一样的结果，最后才发现自己的总财产只有九十七元。最艰难的时候，她竟然连吃盒饭的钱都没有了。可是刘若英说：“正是那些人生和事业的低谷，更让我懂得珍惜自己要面对的每一部戏和每一首歌。每一道伤痕都是我的一种骄傲。”

的确，每个人都会遇到挫折与失败，有过不幸的经历，但以什么样的心态面对，不仅决定了他最终的成败与否，更决定了别人对他的看法，一个坚强、不屈服的人总是那么令人敬佩，不知不觉，我们会被其顽强的毅力所折服，刘若英就是这样的一个人，而如果你一遇到挫折与困难，不是躲避就是哭泣，这样的人是懦弱的，当别人“借给你肩膀依靠”或者安慰你时，也在心底产生了这样的想法：果然是一个不成熟的孩子，这么点挫折都受不了！

我们需要明白的是，一个成熟的人是应有一定的承受挫折的能力的，无论前面是什么路，都应该勇敢地走下去。可能有的时候你会对灾祸和挫折心存侥幸，总是会想，概率这样小的事情，怎么会发生在我身上呢？但是纵使挫折发生的概率是百分之一，而这百分之一落在你的头上就是百分之百。有一位作家说：“顺利是偶尔的，挫折才是人生的常态。”人生的路上，避免不了遇到挫折，战胜挫折、赢得别人的尊重，就必须拥有一个积极的心态，这相当重要，乐观的心态总会引领着处在挫折中的人逐渐走向光明。其实困难就是纸老虎，战胜它最好的办法就是藐视它，你越是看重它，它就越发地淘气捣乱让你不好过；你若是看轻它，不把它当回事，它也就不敢和你挑衅了。

当然，在挫折和失败面前，我们难免会产生一些情绪，但我们必须及时调整，用微笑的面孔重新迎接生活。具体说来，你可以这样做：

第一，换个角度思考挫折，寻找快乐之源。挫折和失败的确会让人丧失积极性，但同时，也是你成长路上免不了要遇到的，挫折促使你成长，因此，从另一个角度思考，你应该感谢挫折，用这样的心态思考的话，也就能摆正心态了。

有一个老太太一直不快乐。她有两个儿子，一个是卖伞的，一个染布的。天下雨，她焦虑，天下雨了，我的大儿子的布怎么晾得干啊？天晴了，她也焦虑，我的二儿子的伞怎么卖得出去？最后都焦出病来了，有一个智者对她说，你换一种思维吧，天下雨你高兴，我二儿子的伞卖得出去。天晴我也高兴，我大儿子的布晾得干。我都高兴，下雨也高兴，出太阳我也高兴。

这就是换位思考的结果，换一种思维，就能把不快乐变成快乐，也就能微笑面对。

第二，克服懦弱，提高修养。提高修养本身就是在克服懦弱的习气。当你遇到挫折和困难时，在不良的习气面前，你若能及时地克制住的话，那么这证明你本身就具备一种魄力，也只有这样，才能避免做出不理智的事来；而如果你不能自主地克制而迁就于它的话，就是懦弱。

第三，培养情商，积极进取。法国作家莫泊桑有一句名言：人是生活在希望中的。情商高的人有很强的上进心，总是对未来充满希望。充满希望，对未来、对社会，对祖国，对民族，对单位，对自己，对家庭，对人生都充满希望。

宽心策略

总之，在困难和挫折面前要坚强，我们要把自己坚强的一面留给别人，即使心里再苦，也要阳光地微笑，“黯然神伤时，则所遇尽是祸；心情开朗时，则遍地都是宝”，如果你想获得幸福的话，就坚强一点吧！

我们无法掌控别人，但求无愧于己心

大千世界，芸芸众生，人是万物之灵。作为独立个体的人，我们能主宰的事并不多，但恰恰我们可以主宰的是如何“做人、做事”。如何做人、做事也许是这个世界上最为深奥、最应该让一个人活到老、学到老的永久课题。对此，我们应该遵循的原则是：不求事事顺心，但求无愧于心。的确，生活中的人们，尤其是那些经验尚浅的年轻人，在遇到很多事的时候，可能不知如何下手，不知如何解决，此时，你不妨抛弃那些摇摆不定的想法，从这一原则出发，就能保证你的选择是正确的，当然，这就要求我们做一个正直、善良、不徇私的人，那么就免不了要约束自己、束缚自己，甚至有时还要处处“吃亏”。但是，长远地看，即使暂时看上去吃亏，不久一定会恢复为“获利”，而且肯定不会犯大错。

北宋时期著名的文学家和政治家晏殊，14岁被地方官作为“神童”推荐给朝廷。他本来可以不参加科举考试便能得到官职，但他没有这样做，而是毅然参加了考试。事情十分凑巧，那次的考试题目是他曾经做过的，得到过好几位名师的指点。这样，他不费力气就从千多名考生中脱颖而出，并得到了皇帝的赞赏。但晏殊并没有因此而洋洋自得，相反他在接受皇帝的复试时，把情况如实地告诉了皇帝，并要求另出题目，当堂考他。皇帝与大臣们商议后出了一道难度更大的题目，让晏殊当堂作文。结果，他的文章又得到了皇帝的夸奖。晏殊当官后，每日办完公事，总是回到家里闭门读书。后来皇帝了解到这个情况十分高兴，就点名让他做了太子手下的官员。当晏殊去向皇帝谢恩时，皇帝又称赞他能够闭门苦读。晏殊却说：“我不是不想去宴饮游乐，只是因为家贫无钱，才不去参加。我是有愧于皇上的夸奖的。”皇帝又称赞他既有真实才学，又质朴诚实，是个难得的人才，过了几年便把他提拔上来，让他当了宰相。

晏殊为人诚实，表里如一，不弄虚作假，这是我们应该学习的。有人说，天下最糟糕的事就是不讲原则。不能否认，现实生活中有坚持原则、刚正不阿者命运坎坷，八面玲珑、圆滑世故者左右逢源的现象。但是，这只是一时的结果，对于人生来说，这一点甜头只会为日后种下苦果。

我们都知道应该怎样做人，不过做人有一个基本的原则，那就是不能太自私。不能只为自己的利益而不顾别人，要替别人着想。大多时候我们会认为，确保自己的利益，争取更多的回报是一个人能力的体现，是成功的标志。然而，真正为人处世的大智慧却是应学会吃亏。可以说，做人的可贵之处就在于乐于亏己。吃亏与放下一己私利在很多时候有异曲同工之妙。

可能我们听到有人说：“人不为己，天诛地灭。”这句话强调的是人们应该为谋取一己私利而使出浑身解数，的确，我们的周围，有这样一些人，他们将自己伪装起来，想方设法要置自己的竞争对手于死地，在残酷的竞争过程中，他们变得心硬了，心冷了，变得残酷了，无情了，冷漠了。亲情、友情……对于他来说，一切与情字沾边的东西和一己私利相比都轻如鸿毛不值一提。而其实，追求私利的最终后果是，他们失去了更多：他们的亲情淡漠了，友情变味了，活得迷茫了……实际上，如果人们都能本着凡事但求无愧于心的原则，那么，我们不仅能做到心安理得，还会体会到比私利更温暖的人间真情。

在商业王国里，有各种各样的生意门道，但我们很难想象到，纽扣也会成为巨额利润的来源。但却有这样一位富翁，他靠卖纽扣发家。他开的店，既不气派，也不宽敞，但却非常有特色。他的店，除了卖纽扣以外，其他东西都不卖。他的纽扣不仅花色品种齐全，而且有的女顾客，一件漂亮的大衣上丢了一枚纽扣，纽扣店也会想尽办法配上后寄给顾客。久而久之，小小的纽扣店在偌大的一座城市里人人皆知、家喻户晓。

当人们问及这位富翁的经营之道时，他回答："世上的钱是赚不完的，我每出售一枚纽扣，只赚几分几厘。至于别人，比方说来纽扣店大量进货的成衣铺赚顾客多少钱，我根本不去攀比，我更在意的是能'赚'到多少顾客。"

可见，放下过多的物质欲望和私利，也是一门生意经，乍一看，这是与生意来自于利润这一原则相违背的，但本质上，为顾客考虑，多点关心，少点利益心，是"赚"到顾客的最根本方法。

犹太人的经商之道是成功的，这主要也是因为犹太人懂得放下私利能赢取人心的道理：一个人独资经营的情况下，不仅势单力薄，而且人力、才智匮乏，资金上也很难维持长久、快速的增长。如果能找到可以长期合作的合伙人，就会增强公司的实力，虽然部分利益会分给合作伙伴，但较之无法持续经营的情况，实在是好上太多了。

宽心策略

凡事但求无愧于心这一原则，任何一个社会人，都应该视其为考虑问题的第一准则。尽管随着时代的变迁，我们应该学会调整自我，但这一原则应该成为我们信守不变的做人基准。

第06章

心宽者总有新发现：拆掉禁锢思维的墙，看到别样的天

生活中，我们常听周围的人说：“思维一变天地宽。”的确，无论是解决问题还是看待人生，思维都起着决定性作用。当我们陷入死胡同时，如果我们能转换思维，抓住问题的本质，就能令问题迎刃而解；面对平凡的工作，如果我们能运用思维的力量，就能实现创新、获得突破；面对生活的不如意，如果我们运用正面的思维，就会看到人生的美好。总之，我们要学会宽待人生，学会跳出固有的思维模式，多从新的角度却去解释世事，你会发现，眼界开了，世界也就变美了。

不断创新，让人生别有新意

我们发现，古今中外，任何一个成功者，任都具有一些共同的特质：他们积极主动，富有创造力。同样，任何一个人，无论现在处于什么样的境况，要想在未来社会竞争中脱颖而出，那么，就需要重视思维的力量。松下幸之助曾经说过：“今日的世界，并不是武力统治而是创新支配。”一个小小的改变，只要能跳出传统守旧的观念，将自己思想方式巧妙地变一变，往往就会产生意想不到的效果。一个人有没有创造力是他的思维方式所决定的，创造性思维是创造力的核心，是人类智慧的体现，不寻常的思维会引导不寻常的成功。

人生的旅途中，不敢创新的人最终的结果只能使自己在给自己限定的舞台上越来越渺小。没有舞台的演员就像被缴械的士兵，被剥夺了笔的画家，成功离他就越来越远。

世界著名企业家狄奥力·菲勒并非出身于贵族和官宦之家，相反，他生于一个贫民窟，但在幼时他就表现出了与众不同的积累财富的眼光。

很小的时候，他做了第一笔生意。那时，他想买玩具，可是又没钱，于是，他把从街上捡来的玩具汽车修好，让同学玩。然后向每人收0.5美元。不到一个星期的功夫，他挣到的钱就能买一辆新的车了。从这件事中，他收获颇多。

成年后的菲勒更是有着惊人的生意头脑。一次，日本的一艘货轮遇到了风暴，船上的一吨丝绸被染料浸过，上等的丝绸变成没人要的废品，面对这种情况，货主打算把这些布匹都扔了。菲勒听到这个消息后，马上找到货主，表示愿意免费把这批废品处理掉，货主非常感激。得到这些布匹，他就把它做成了迷彩服装。这笔生意让他赚到十余万美元。

再后来，菲勒曾用10万美元买了一块地皮。一年后，新修建的环城路在那块地附近经过。一位开发商用2500万美元从他手中买走了那块地。

菲勒的思维是与众不同的，他有一双发现财富的慧眼，能够“在别人司空见惯的东西上发掘商机”，这是菲勒最可贵的创业资本，也是他成功的秘诀。不过这里，我们更佩服的是他的勇气，那就是敢想并敢做。一个人，即使有再多的想法并信誓旦旦，如果不付诸实施，那也是徒劳。

人的一生就是一场冒险，走得最远的人是那些愿意去做、愿意去冒险的人。我们每一个人都要相信自己能成功，要鼓起勇气，尝试第一步，这才是真正的勇者。

创新者往往能抓住机遇的尾巴，为自己赢得新收益。我们经常说，方法总比问题多，事实上，人们都不愿意开动脑筋去寻找方法，因为这是一件伤脑筋的工作，于是，为了保险起见，我们更愿意使用前辈们已经传授给我们的方法和经验，而这却容易使我们陷入思维的惯性中，即按固定的思路去想问题，而不愿意换个角度、换种方式去想，拘泥于某种模式。这样不仅不利于问题的更好解决，更是阻碍了我们的思维活跃性。

其实每个人都有自己的创新意识，有的时候只是处于隐蔽状态，未曾开发出来而已。因此，新时代的人们，只要你敢于突破常规、敢想敢干，一样能够突破自我，而这就需要你训练自己良好的思维水平。

的确，即使再小的事情，头脑灵活的人与墨守成规的人，从长远来看，将产生惊人的差距。我们以扫地为例，有的人每天反复琢磨如何扫得更干净，有的人也许会独自成立承包清洁的公司并担任部经理。与此相对，得过且过懒得想办法的人一定依然每天继续扫地。

在昨日努力的基础上再稍加改良，今日要比昨日有进步，即使只有一小步。这种从不懈怠、坚持到底的态度，将终会使你与他人拉开巨大的差距。决不走同一条路，是走向成功的秘诀。

在创新的过程之中，最可怕的是想象力的贫乏。爱因斯坦说："想象力比知识更为重要。"可以这样说，人的一切发明与创造都源于想象力。一个人一生的成就，全归功于他能建设性地、积极性地利用想象力。有与众不同的想法，才能有与众不同的收获。

你若要想成为一名拥有创造力的人，就应该做到下面几点：

第一，破除权威给自己带来的思想困扰；

第二，看到从众心理的危害，"从众"只会让你人云亦云；

第三，要破除观念思维、经验主义等主观定势，没有所谓绝对的真理，因此，我们不仅需要敢于挑战专家的权威，也要敢于自我否定。

另外，对于一个创造型人才来说，自信非常重要。拥有自信，才能够不怕失败，勇于去进行新的尝试。在大多数情况下，不自信的人，通常也难成为创业型人才。

萧伯纳有一句名言："明白事理的人使自己适应世界，不明白事理的人想使世界适应自己。"人都是在这种主动的不断调整、不断适应的过程中成长的。那些被动学习和工作的人，总是郁郁不得志。相反，那些积极上进勇于创新者，也许会有一时的困顿，但最终都能拥有一个比较辉煌的职业前景。

宽心策略

环境是特定的，人是灵活的。因此，人不能被特定的环境所压制，而是要努力去冲破环境。即，作为人是不能为环境所屈服的，因为，我们是勇敢的。我们要超越环境之上，做一个永远的胜利者。当一个人最想做自己的时候，那就等于想解放自我，而不再做环境的奴隶，即使这样做是要付出很大代价的也不怕。

换一种视角，你会看到不一样的天空

生活中，我们都有这样的经验，遇到一些棘手的问题，我们常顺着自己的思路寻找解决方法，但结果却是不尽如人意甚至让我们走进了死胡同，而当我们回过头来反省时，却发现，原来有一条极为简单的方法。的确，那些原本看似错综复杂的问题，是我们的思维为其安上了复杂的外壳，如果我们能改变视角，转换思维，那么，问题便能迎刃而解。我们都明白，思维是一切竞争的核心，因为它不仅会催生出创意，指导实践，更会在根本上决定成功。它意味着改变外界事物的原动力，如果你希望改变自己的状况，获得进步，那么首先要从改变思维开始。

现在，我们来试想一下，当提到铅笔的用途的时候，你能想到些什么呢？可能你会说“书写”，但实际上，这只是铅笔的通常用途，你至少可以得出这样多的答案：绘画、当发簪、做书签、当尺子画线，它削下的木屑可以做成装饰画，在遇到坏人时，削尖的铅笔还能作为自卫的武器……所以，千万不要以为铅笔只有一种用途——写字。这就考验了你的思维能力。

生活中，一些人为了思考问题更加全面，他们会给问题设置很多规则，而这些规则对于问题的解决而言却是障碍，为此，你必须解放自己的思维，尝试着从新的角度去思考。

有这样一个有奖征答活动，题目是：一次，三个人一起坐热气球旅行，这三个人都是关系人类命运的科学家。第一位是核子专家，他有能力防止全球性的核子战争，使地球免于陷入灭亡的绝境。第二位是环保专家，他可以拯救人类免于因环境污染而面临的死亡的厄运。第三位是粮食专家，他能在不毛之地种植粮食，使几千万人摆脱饥荒而亡的命运。但旅行到一半旅程，却发现热气球充气不足。就在那一刻，热气球即将坠毁，必须丢出一个人以减轻载重，使其余的两人得以存活，请问该丢下哪一位科学家？

因为奖金数额庞大，征答的回信如雪片飞来。每个人都竭尽所能地阐述他们认为必须丢下哪位科学家的见解。最后，结果揭晓，巨额奖金的得主是一个小男孩。他的答案是：将最重的那位丢出去。

我们在赞叹小男孩机智的同时，也不难得出这样一个结论：这个世界上没有任何事是一成不变的，世界上也没有死胡同，关键就看你如何去寻找出路。而改变事物的现状就是运用思维的力量，思路一变方法来，想不到就没办法，想到了又非常简单，人的思维就是这样奇妙。有一句话说得好："横切苹果，你就能够看到美丽的星星。"

无独有偶，在美国发生过这样一件事情：

柯特大饭店是美国加州的一家老牌饭店。饭店老板准备改建一个新式的电梯。他重金请来全国一流的建筑师和工程师，请他们一起商讨，该如何进行改建。

建筑师和工程师的经验都很丰富，他们讨论的结论是：饭店必须新换一台大电梯。为了安装好新电梯，饭店必须停止营业半年时间。

"除了关闭饭店半年就没有别的办法了吗？"老板的眉头皱得很紧，"要知道，这样会造成很大的经济损失……"

"必须得这样，不可能有别的方案。"建筑师和工程师们坚持说。

就在这时候，饭店里的清洁工刚好在附近拖地，听到了他们的谈话，他马上直起腰，停止了工作。他望望忧心忡忡、神色犹豫的老板和那两位一脸自信的专家，突然开口说："如果换上我，你们知道我会怎么来装这个电梯吗？"

工程师瞟了他一眼，不屑地说："你能怎么做？"

"我会直接在屋子外面装上电梯。"

"多么好的方法啊！"工程师和建筑师听了，顿时诧异得说不出话来。

很快，这家饭店就在屋外装设了一部新电梯，而这就是建筑史上的第一部观光电梯。

在人们的传统思维中，电梯只能安装在室内，却想不到电梯也可以安装在室外，像这样墨守成规、循规蹈矩的人比比皆是。问题不在于他们的技术高低、学识多寡，而在于他们突破不了常规的思维方式。工程师和建筑师被专业常识束缚住了，而清洁工的脑子里没有那么多条条框框，思路很开阔，所以才会想出令专家们大跌眼镜的妙招。

当然，你若想获得灵活的思维，就必须要锻炼自己，以下是几条建议：

1. 敢于否定，打破传统思维

曾有人这样诠释创新："你只要离开常走的大道，潜入森林，你就肯定会发现前所未有的东西。"创新的成功，总是孕育着创新者强烈的创新意识。要想摆脱传统观念和习惯思维的局限，就要鼓励自我打破思维禁锢，突破常规的路线，激活创新的意识。

2. 善于变通，敢于尝试

变通思维是创造性思维的一种形式，是创造力在行为上的一种表现。思维具有变通性的人，遇事能够举一反三，闻一知十，做到触类旁通，因而能产生种种超常的构思，提出与众不同的新观念。科学领域中的任何建树，都需要以思维的变通为前提。一般来说，变通思维用好了，就会带来一种"柳暗花明"的神奇效果。

宽心策略

总之，在生活中最大的成就是不断地自我改造，以使自己悟出生活之道。在很多情况下，外物是无法改变的，我们能改变的就是我们的思想。遇到困难和变化时，让思维尽显其灵活和多变的本质，改变视角、转换思维，往往能找到更好地解决问题的方法。

抓住事情的根本，才能解决问题

生活中，我们可能都有这样的经历：我们习惯于在看问题时，根据事情的发展方向思考，但实质上，我们思考的越远，离事情的本源也就越远，解决起来难度也就越大。而如果你能追根溯源、找到问题的本质，那么，问题解决起来也就能一针见血。

事实上，我们任何人无论做什么都要有灵光的头脑，善于创造性思维，不能钻牛角尖。这条路走不通，不妨转换一下思维，尝试下反过来思考，先找问题的本质。思维一变天地宽，勤思考，善于逆向、转向和多向思维的人，总能找出解决问题的方法，总能以最少的力气，达到最满意的效果。

曾有人说，头脑是一切竞争的核心，因为它不仅会催生出创意，指导实施，更会在根本上决定成功。它意味着改变外界事物的原动力，如果你希望改变自己的状况，获得进步，那么首先要从改变思维开始。而我们在寻找解决问题的办法时往往倾向于把事情考虑得过于复杂化，其实事情本质是很单纯的。表面看上去很复杂的事情，其实也是由若干简单因素组合而成。

然而，要实现思维的简单化却绝非易事，我们需要进行一次彻头彻尾的心理革命，尤其是要培养自己一针见血地捕捉问题实质的能力。

有这样一则故事：

1870年，在查理斯·艾略特出任哈佛大学校长时，他找到当时著名的史学家亨利·亚当斯，想聘请他出任中世纪历史课的教授。起初，艾略特不管怎样苦苦劝说，亨利·亚当斯都没有任何表示，后来，亨利·亚当斯谦虚地说："校长先生，我真的一点儿都不懂中世纪的历史。"听到他的回答，艾略特校长客气地说："如果你能够为我举荐出一位学者比你懂得更多，那我就聘请他。"结果亚当斯只好接受了聘请。

艾略特以自己灵活机智的思维，展现了哈佛校长的个人魅力，他的一句

“如果你能够为我举荐出一位学者比你懂得更多，那我就聘请他”让亚当无从拒绝，的确，多加劝说没有效果的情况下，不妨直接点，直击问题要害。从这个故事中，年轻人，你也应当懂得，将思维转个弯，很多事情就会迎刃而解。

同样，运用灵活的思维模式，你会发现，在第三产业逐渐发达的今天，只要能感觉敏锐，并能有的放矢地解决问题，那么，即使你没有足够的物质后盾，也能成功，也能获得财富。

日本有一家SB公司，生产的产品是咖喱粉。一段时间以来，这家公司的产品滞销，公司的经理一个个都“下了课”，连续换了三任经理。受命于危难之中，第四任经理田中走马上任。他意识到公司的产品卖不出去的原因是顾客对SB公司的牌子很陌生，很难注意到有这种产品。由于没有足够的资金，大量做广告是不现实的，但是如果不拼死一搏去做广告，那也无异于坐以待毙。

经理田中终于想出了一个巧妙的方法……

几天之后，日本的几家大报，如《读卖新闻》、《朝日新闻》等刊登出了这样一条广告：

SB公司专门生产优质的咖喱粉，为了提高产品的知名度，今决定雇数架直升机到白雪皑皑的富士山顶，然后把咖喱粉撒在山上。从此以后，我们看到的将不是白色的富士山，而只能看到咖喱粉的颜色了……

在日本，富士山是一大名胜，不仅在日本人心目中，在全世界人的心目中，富士山都是日本的象征。在这样神圣的地方，居然有公司胆敢撒咖喱粉？真是岂有此理！

SB公司的广告刚刚刊出，国内舆论一片哗然。很多人都知道这是SB公司故弄玄虚，但是对如此的言辞也是难以忍受，纷纷指责SB公司。本来名不见经传的SB公司，连续好多天在报纸、电视、电台等各种新闻媒体上成为大家攻击的对象。

在一片舆论的声讨声中，SB公司名声大振。临近SB公司广告中所说的在富士山撒咖喱粉的日子的前一天，原先发表过SB公司广告的报纸都刊登了SB

公司的郑重声明：

鉴于社会各界的强烈反应，本公司决定取消原来在富士山顶撒咖喱粉的计划。

反对的人们欢庆自己的胜利，田中和SB公司的员工们也在欢庆他们的胜利。这样一番折腾，全日本的人都知道有一家生产咖喱粉的公司叫SB公司，并且错误地认为这家公司是一家实力超群、财大气粗的公司。很多小商小贩都纷纷投到SB公司的门下，大力推销SB公司的咖喱粉，SB公司的咖喱粉一时间成了畅销产品。

这里，我们不得不佩服这位经理的智谋，在接手这家公司后，他很快认识到问题的实质在于公司知名度不高，在广告费不充足的情况下，他一反惯常思维，声称要在富士山上撒咖喱粉，为此，这家公司名声大振。很多时候，一个金点子，花费不多，却拥有点石成金的力量。只有看到别人看不到的东西的人，才能做到别人做不到的事。灵活的头脑和卓越的思维为我们提供了这种本领，深入地洞察每一个对象，就能在有限的空间，成就一番可观的事业。

这里，我们看到了思维的力量，我们也应该锻炼自己的头脑，扩展自己的眼光和思维。因为这是一个脑力制胜的年代，谁的想法更高明，更有效，谁就更容易提升自己的价值，获得财富的垂青。

宽心策略

总之，有些事情看似不可思议，看似复杂难解，但只要我们跳出习惯思维的框框，抓住问题的实质，就会得出异乎寻常的答案。

凡事往好处想，不绝望才能有希望

在我们生活的周围，我们发现，有人生活得幸福美满，有人生活得痛苦；在创业过程中，有人做得风生水起，有人却怎么也不见起色。如此大的差别究竟从何而来？仔细推敲，我们不难看出，前者拥有积极的思维，他们凡事都往好处想，而后者总是悲观失望。人生短短数十载，困难和挫折都在所难免，我们不能预知未来，但我们可以以一颗坦然的心去面对。只要做到积极乐观、永不绝望，就一定能战胜逆境。

我们每个人都应该学会在日常生活中培养自己乐观的精神，无论遇到什么事，都不要忧郁沮丧，无论你有多么痛苦，都不要整天沉溺于其中无法自拔，不要让痛苦占据你的心灵。事实上，积极的思维方式在人生事业中也起着重要的作用。积极的思维方式包括：遇事积极乐观、有理想、努力、怀抱一颗感恩的心、善待自己、善待他人等。

推销大师吉拉德的成功，就是源于他相信自己能成功的积极心态。

小时候吉拉德的父亲总是给他灌输一种消极的思想——“你永远不会有出息，你只能是个失败者。”这些思想令他害怕。而吉拉德的母亲却相反，她给他灌输的是一种积极的思想：对自己有信心，你绝对会成功的，只要你想成为什么，你就能做到。从父母那里，吉拉德时时受到两种相反的力量，这两种力量一方面令他害怕，另一方面也让他产生信心。而最终，母亲传输给他的这种思想胜利，帮助他实现了自己的梦想。

美国钢铁大王卡内基，少年时代从英格兰移民到美国，当时真是穷透了，正是“我一定要成为大富豪！”这样的信念，使得他于19世纪末在钢铁行业大显身手，而后涉足铁路、石油，成为商界巨富。洛克菲勒、摩根也都是满怀欲望，并以欲望为原动力，成为资本主义初期美国经济的胜利者。

我们再来看下面一个故事：

第二次世界大战期间，在德国纳粹集中营，飞扬跋扈的德国士兵要求英国战俘与他们进行一次足球比赛。在这些战俘中，有个叫贝鲁姆的人，他曾经是一名优秀的狙击手。他和所有的战俘都明白，这场比赛是不可能公平的，这只不过是纳粹分子折磨战俘的一种变相手段而已。

果然，在比赛前，这些德国士兵就已经在食物和水上克扣起来了，没有充足的体力，英国战俘自然输了比赛，这些德国士兵就借机嘲笑英国人。

但是，就在圣诞节前的一次比赛中，却出现了一次意外，这次比赛完全震惊了在座的所有德国高级军官。比赛前，所有的狱友都节省下了一点面包，然后送给贝鲁姆，这下子，贝鲁姆的体力十分充足。

在比赛刚开始前的三分钟，贝鲁姆的表现就让德国士兵震撼了，他卯足了劲儿，顺利攻破了对方的防守，然后冲入敌人的禁区，一脚抽射，首破德国人的大门。

最后，德国队依然胜利了，但是他们所谓的战无不胜的神话却被一个缺少食物的战俘打破了。当然，贝鲁姆肯定逃不过德国军队的惩处，他被秘密处死了。其实，贝鲁姆早就料到了这一点。

一位英国作家曾经多次提到过这个叫贝鲁姆的人，他说，那场圣诞球赛后，贝鲁姆成为集中营中希望和信念的支柱。

五十多年后，英国的一家体育电台播出了这个故事，结果接到了上千个电话，其中有一位老人是贝鲁姆的战友，他说，自从贝鲁姆进了一球后，他就坚信英国必胜。

贝鲁姆为什么能胜利？因为他坚信自己能成功，因此，他是积极乐观的。的确，人的一生就像一场比赛，你不可能常处优势地位，有时候你会被淘汰出局，只要你继续参加比赛，就有希望存在，总会获得让你满意的成绩。天才未必就能富有，最聪明的人也不一定幸福，想要摆脱人生的困境，你要记住让希望的阳光照进心田，要努力拯救自己摆脱困境。

生活中的人们，你也可能遇到某些困难，遇到某些不顺心的事，你可能会因此变得沮丧。其实，应告诉自己，困境是另一种希望的开始，它往往预示着明天的好运气。因此，你只要放松自己，告诉自己希望是无所不在的，再大的困难也会变得渺小。为此，当你情绪消极时，你可以这样暗示自己："再大的困难，我也能挺过去！""我就不信我战胜不了你！"

宽心策略

有人说，思维方式决定一切，这话是很有道理的，不同的思维方式会改变你看问题的角度，而从不同的角度看问题，结果往往有很大的差异，正所谓"横看成岭侧成峰，远近高低各不同。"总之，只要是抱着乐观态度的人，必定是个实事求是的现实主义者。

打破思维的禁锢，发现人生别样的美好

我们都知道，人生在世，谁都不会事事顺心，多半时候都会遇到不顺心的事。此时，如果我们自暴自弃，那么，人的一生就是失败的。而如果我们能突破思维的界限，看到美好的一面，然后朝着积极的方向努力，那么，事情也许就不是那么难了。

的确，生活的快乐与否，完全取决于个人看待人、事、物的角度。多从积极的一面看待世界，那么，世界就是美好的。罗丹说："这个世界不是缺少美，而是缺少发现美的眼睛。"我们都有一双眼睛，用来看世界，但我们的世界观、对世界的认识都是不同的。我们还有另外一双眼睛，它是长在心上的，那就是思维的角度。它比自然的造化的那双眼睛更为重要，因为它还能告诉我

们如何看自己、如何看世界。那就是“要拥有一双发现美的眼睛。”

为什么在一些艺术家的笔下，那些平凡的一草一木都可以那么栩栩如生，生动活泼呢？为什么很多人生活得很清贫简朴，却可以天天笑逐颜开，快乐幸福呢？因为在他们的眼里，一切都是美好的。

为什么大多夫妻生活在一起久了，会越来越发现对方的缺点，却很难发现对方的优点，而这些与恋爱时的感觉是完全相反的，这是为什么呢？因为我们眼里容下的只是对方的缺点，夸大了对方的缺点，而对他（她）的优点视若无睹。于是，矛盾自然而然就会产生，对对方的厌倦自然就会产生。学着发现他（她）的优点吧，想着他（她）对你的好。原来，他（她）是那么值得你去珍惜。

生活中，很多人总是抱怨自己活得累，烦恼不断。而其实，谁没有烦恼呢？只要生存，就有烦恼。痛苦或是快乐，取决于你的内心。人不是战胜痛苦的强者，便是向痛苦屈服的弱者。再重的担子，笑着也是挑，哭着也是挑。再不顺的生活，微笑着撑过去了，就是胜利。

卡耐基曾经遇到过这样一个女士：

这位女士一见到卡耐基，就开始抱怨，先是她的丈夫，她说她的丈夫不好好工作，接下来，她又开始抱怨她的孩子，说她的孩子不好好学习。总之，她有很多不满意的地方。等她抱怨完了，卡耐基对她说：“这位女士，您太追求完美了。”当她听到这句话后，非常吃惊地看着卡耐基，过了好一会才说：“卡耐基先生，您认为我非常追求完美吗？可我并不这样认为啊！而且像我这样相貌也不好、学历也不高的女人，根本不会去追求完美的。”

卡耐基说：“您刚才跟我介绍过您的情况，您想想看，您的丈夫现在才三十几岁，但却有了自己的公司了，这已经是成功人士了，您为什么还认为不够好呢？而您的儿子，他才小学四年级，每次也能考个不错的成绩，您又为什么不满足呢？不就是在追求完美吗？”听了卡耐基的话后，那位女士很长时间都没有说话，最终接受了卡耐基的说法。

其实，生活中有很多这样的人，他们总是对生活的现状不满，总是不断追求完美，有的人表现为对自己要求特别严格，而另外一些人则对别人非常严格，但总体表现，就是看不到生活中美的一面，他们的脸上总是愁云密布，其实，如果他们能换个角度，那么生活中便处处充满美好。就如上文中那位女士一样，在卡耐基的点拨下，她看到了“儿子学习成绩不错”，“丈夫事业有成”这两点。

生活中你可能遇到过这样的事：当一个满脸乌黑，一脸疤痕的女孩走到你的身边，你第一反应就是怎么有这么丑的人，其实当你细心打量你会发现，她的笑容很灿烂，当你和她相处一段时间，你又会发现她有颗善良的心。当你走在一块荒芜的田地里，田里堆满了垃圾，臭气熏天，你会很扫兴的想尽快离开这里。但当你停下焦急的脚步，你会发现旁边有郁郁葱葱的小草正在茁壮生长，还有含苞待放的花朵迎着阳光格外娇艳欲滴。这些美就存在于丑陋中间，关键要靠我们的眼睛去发现，善于从丑陋的背后去发现美丽。

要想看到人生的美好，首先，我们要懂得换位看世界。

有时候，事物是美丽还是丑陋，其实关键在于我们怎么看，我们要善于去发现，当我们用眼睛去细心品位事物时，你会发现这也是一种幸福。

宽心策略

生活中总是充满着各种各样的意外，有不幸的、有可笑的、有美丽的。当遇到不幸的意外时，我们可能会感叹生活不如意、命运不公平，更有可能变得消极待世，对生活失去信心等。但你需要明白的是，无论现在的情况多么糟糕、生活多么坎坷，那都已经成为过去。下一秒，你迎来的就可能是美丽的意外。生活总是充满变数的，时间不会为我们而逗留。因而，当你学会面对这突如其来的意外时，或许你已经成功了一半。只有在勇敢面对的基础上加上智慧与随机应变，生活中不美好的意外才不会将你瞬间击垮。

第07章

心宽者蔑视逆境：找到幸福的良方，苦尽甘自来

英国文豪狄更斯曾经说过：一个健全的心态，比一百种智慧都更有力量。这告诉我们一个真理：有什么样的心态，就会有什么样的人生。的确，生活中，我们都渴望被他人认可，为别人喜欢，更希望拥有快乐幸福的一生，而这一切的源头，都在于我们的心态。不可否认的是，我们都会经历逆境，甚至被人误解、嘲讽乃至伤害，如果你自寻烦恼而忧郁难安，或与他人斤斤计较而愤恨不平，或事事牵心，死抱过去念念不忘，又或贪心不足欲壑难填……拥有这些负面心态的话，你只能挣扎在被人厌恶、自怜自弃、抑郁不乐之中。要获得真正的快乐和终身的幸福，你必须找到宽心的良方，把上述各种不健康的心态统统赶出你的胸怀，净化你的脑海。

把心放宽，困难就会在心里变得渺小

生活中，困难无处不在，而很多时候，打倒我们的不是这些困难，而是被我们内心放大的恐惧。事实上，只要我们的心宽了，困难就没有那么强大了。捷克作家伏契克曾说：“应该笑着去面对人生，不管一切如何。”这也正如另外一位政治家所说：“要想征服世界，首先要征服自己的悲观。”看开了，心宽了，满世界都是“鲜花开放”，而悲观者看人生，则总是“悲秋寂寥”，一个心态积极的人可在茫茫的夜空中读出星光的灿烂，增强自己对生活的自信；一个心态不正常的人则让黑暗埋藏了自己，而且越藏越深。

可能你会问，该怎样才能凡事积极看待呢？其实，这完全在于我们自身的选择，拿破仑·希尔曾讲过这样一个故事，对我们每个人都极有启发。

塞尔玛陪伴丈夫驻扎在一个沙漠的陆军基地里。丈夫奉命到沙漠里去演习，她一个人留在陆军的小铁皮房子里，天气热得受不了——在仙人掌的阴影下也有华氏125度。她没有人可谈天——身边只有墨西哥人和印第安人，而他们不会说英语。她非常难过，于是就写信给父母，说要丢开一切回家去。

她父亲的回信只有两行，这两行字却永远留在她心中，完全改变了她的生活：

两个人从牢中的铁窗望出去，一个看到泥土，一个却看到了星星。

塞尔玛一再读这封信，觉得非常惭愧。她决定要在沙漠中找到星星。

塞尔玛开始和当地人交朋友，他们的反应使她非常惊奇，她对他们的纺织、陶器表示感兴趣，他们就把最喜欢但舍不得卖给观光客人的纺织品和陶器送给了她。塞尔玛研究那些令人入迷的仙人掌和各种沙漠植物，又学习有关土拨鼠的知识。她观看沙漠日落，还寻找海螺壳，这些海螺壳是几万年前，这沙漠还是海洋时留下来的。原来难以忍受的环境变成了令人兴奋、流连忘返的奇景。

是什么使这位女士内心发生了这么大的转变呢？沙漠没有改变，印第安人也没有改变，但是这位女士的心态改变了。一念之差，使她把原先认为恶劣的情况变为一生中最有意义的冒险。她为发现新世界而兴奋不已，并为此写了一本书，以《快乐的城堡》为书名出版了。她从自己造的“牢房”里看出去，终于看到了星星。

现实中的恐怖，远比不上想象中的恐怖那么可怕。当你遇到困难时，理所当然，你会考虑到事情的难度所在，如此，你便会产生恐惧，会将原本的困难放大。但实际上，假如你能放宽心，减少思考困难的时间，并着手解决手上的困难，你会发现，事情远比你想象中简单得多。那些成功的人士，都是靠勇敢面对多数人所畏惧的事物才能出人头地的。美国著名拳击教练达马托曾经说过：“英雄和懦夫同样会感到畏惧，只是英雄对畏惧的反应不同而已。”麦克阿瑟在西点军校的演讲中也曾说过这样一句话：“不正面面对恐惧，就得一生一世躲着它。”

不得不承认的是，失败平庸者多，主要是心态有问题。遇到困难，他们总是挑选容易的倒退之路。“我不行了，我还是退缩吧。”结果陷入失败的深渊。成功者遇到困难，他们能心平气和，并告诉自己：“我要！我能！”“一定有办法。”而最终，他们成功了。

帕格尼尼的人生是充满苦难的：在他4岁时，一场麻疹和强直性昏厥症差点要了他的命；7岁时，他又患上了严重的肺炎，不得不进行放血治疗；46岁时，他的牙床突然长满脓疮，只好拔掉几乎所有的牙齿；牙病刚刚好，他又染了上可怕的眼疾，幼小的儿子成了他手中的拐杖；年过半百后，关节炎、肠胃炎等多种疾病又时刻吞噬着他的肌体；后来，他的声带也坏掉了，只能靠儿子按口型翻译他的思想。

但是，面对人生中的这么多苦难，帕格尼尼并没有沉沦，他不仅用独特的指法弓法和充满魔力的旋律征服了整个世界，而且发展了指挥艺术，创作出《随想曲》《无穷动》《女妖舞》和6部小提琴协奏曲以及许多闻名世界的吉他演奏曲，可以说他是一位善于用苦难的琴弦将天才演绎到极致的奇人。

听到了帕格尼尼的悲苦演绎，李斯特大喊："天啊，在这4根琴弦中包含着多少苦难、痛苦和受到残害的挣扎着的生灵啊！"在追求事业的过程中，苦难是不可避免的，但我们每个人都有自己的选择，有的人选择抱怨，有的人选择自暴自弃，一味贪图享乐，还有的人选择隐忍、奋进。很多时候，我们已经忘记了还有一种东西——意志力，当我们保持顽强的意志力，那苦难就会令我们变得更坚强，成功也就是指日可待的事情了。

宽心策略

我们每一个人，在人生路上都有可能遇到一些难题，它会阻碍我们前进，让我们心灰意冷，甚至沉溺于玩乐之中，但请一定要记住，明天还未来到，昨天已经过去，只有珍惜今天，调整好心态，才能真正把握大局，才能找到前进的路！

换一种态度应对压力，让心情豁达

人的一生，必定免不了要遇到困难和压力，如果我们紧盯着压力，不为自己的心理减负的话，我们的眼里就会充满苦难，就会发现脚下的路有沟有坎，一点都不平坦，于是就举步不前，停留在那块平地上，结果自然是一事无成。而相反，如果我们能换个角度看待现状，无论遇到什么样的压力和困难，都始终向前看，你看到的就是一条路，顺着路走下去，你就会发现路越来越宽，景色越来越美。

面对压力，很多人常常会抱怨，会逃避，其实，有压力才有动力，压力带给我们的不仅仅是痛苦和沉重，还能激发我们的激情，让我们的潜能得以开发。因此，面对压力，我们也应该转换态度，可以说，这是极好的宽心良方。

美国麻省的艾摩斯特学院曾做过这样一个很有趣的实验：

他们在一个小南瓜的周围拴上了很多铁圈，目的是把小南瓜整个箍住，以观察南瓜长大时能承受多大的压力。

刚开始时，他们估计南瓜最多能承受500磅左右的压力。第一个月，他们发现南瓜已经承受了500磅的压力。到了第二个月，南瓜承受了1500磅的压力。而当它承受的压力达到2000磅时，研究人员就必须把铁圈捆得更牢了，否则南瓜就会将铁圈撑断。最后，整个南瓜承受的压力超过5000磅，瓜皮才破裂。

然而当他们打开南瓜后发现，南瓜已经不能吃了，因为在试图突破铁圈包围的过程中，它的果肉已经变成了坚韧牢固的纤维。为了吸收足够的养分以突围，它的根须延展到了整个培植园。

在压力面前，植物为了生存，会让自己变得更坚强，其实，人也一样，唯有压力才会使我们不断改变自己，充实自己，使自己强大起来。

有人说，人生是一次长途跋涉，旅途中常常有曲折和险阻。那些只想一帆风顺不遭遇转弯的人，恐怕是难以登上人生的制高点的。

换个角度看人生，这是一种大智慧。当你面对压力、困难甚至是逆境，心中感到愁苦不已时，不妨给自己的心放放假，换个角度，也许就能“柳暗花明又一村”呢！人生道路千万条，总有一条是适合你的。只要有勇气换个角度，你就会比别人多一份成功的机会。

所以，在面对压力时，不要给你的心灵任何负面的暗示。在通向成功的道路上，我们不可避免地会遇到很多障碍，这些障碍甚至是我们暂时所无法逾越的，这只是由于自身条件的限制，并不代表这些障碍永远就是障碍，只要我们能调整好心态，积极地应对这些问题和困难，随着自身能力的提高及外部环境的变化，当初做不到的事情有一天一定可以轻易地做到。所以即使压力重重，也别放弃努力。

当然，换个角度看待人生，并不是一句口头禅，说起来容易，但做起来却是件难事。它需要的是人的心灵和思想观念的转换。

有位名不见经传的年轻人，第一次参加马拉松比赛就获得了冠军，而且还打破了世界纪录。

当他冲过终点时，记者蜂拥而上，不断地追问：“你怎么会取得这么好的成绩？”

年轻人气喘吁吁地回答：“因为我的身后有一匹狼。”

所有的人听后都惊恐地回头张望，但并没看到他身后有什么可怕的东西。

这时他继续说：“三年前，我在一座山林间训练长跑，每天凌晨教练喊我起床练习，只是我用尽全力，却总是没有进步。

“有一天清晨，在训练途中，我忽然听到身后传来狼的叫声，刚开始声音很遥远，可是没几秒钟就已经来到我的身后。当时我吓得不敢回头，只知道拼命奔跑逃命。于是，那天我的速度居然是最快的。”

年轻人顿了顿，又说：“回来后教练跟我说：‘原来不是你不行，而是你身后少了一匹狼！’我这才知道，原来根本没有狼，是教练伪装出来的。从那以后，只要训练时，我就想着自己身后有一匹狼正在追赶，包括今天的比赛，那匹狼仍然在追赶着我，我必须战胜它！”

我们每个人都和这位年轻人一样，有着自己的人生目标。可是，我们的身后有“狼”吗？这只狼实际上就是压力。如果在人生路上毫无压力、过于安逸，那么，我们注定平淡、碌碌无为，如果有只“狼”在我们身后追赶着我们前进，我们势必会攀上人生的高峰。

当然，凡事都有度，我们也要将压力控制在一定的范围内，因为人生就好像一根弦，太松了，弹不出优美的乐曲；太紧了，又容易断裂。唯有松紧合适，才能奏出舒缓且优雅的乐章。适当的压力，不仅是我们成长的必备养分，也是成就我们亮丽人生的重要元素！

生活中，虽然我们经常会遇到挑战和压力，会让人身心疲惫，但这些压力也会让人的意志变得更加坚强，性格更加成熟，能力不断提高，从而最终获得成功。因此，从现在起，正视压力，只有将压力变为动力，才能在时间的无涯荒野里种下自己的理想之树，随着生命的律动，春华秋实。

宽心策略

不经历风雨，怎能见彩虹？不经历寒冷，怎知道温暖？生活中的人们，从现在起，将压力和苦难当做是上帝赐予的礼物，以感恩的心寻找生活中的阳光和希望吧！

不惧嘲讽，不轻视自己的宽心良方

人活于世，我们都希望获得良好的人际关系，都希望与周围的人和谐相处，但事实上，我们不能做到让每个人都喜欢我们，甚至让我们感到无奈的是，无论我们怎么做，总是有一些人对我们冷嘲热讽，甚至恶意中伤，此时，我们不必与之争论，而应该在内心激励自己：为了证明自己，为了赢回尊严，一定要努力。你要明白的是，尊严是你自己享用的精神产品，每个人的尊严都属于他自己，你自己认为自己有尊严，你就有尊严。所以，如果有人伤害你的感情、你的尊严，你要不为所动。你死守你的尊严，就没有人能伤害你。

的确，他人侮辱、轻视我们，那并不意味着自己的价值毫无存在。别人看轻了自己，没有关系，只要我们自己看重自己就行了。一个人如果总是患得患失，太注重别人的态度，并将自己的得失建立在别人的言行上，那又怎么静下心来充实自我呢?

1897年5月6日，维克多·格林尼亚出生在法国瑟堡的一个有名望的资本家家庭。当时，他的父亲经营了一家船舶制造厂，有着万贯的家财。在格林尼亚童年时期，由于家境的优裕，再加上父母的溺爱和娇生惯养，使得他在瑟堡四处游荡，盛气凌人。那时候，他没有理想，没有志气，根本不把学习放在心上，整天梦想着成为王公贵人。由于他长相英俊，当地的那些美丽的姑娘都愿意与他交往。

但是，在一次午宴上，一位刚从巴黎来到瑟堡的波多丽女伯爵竟然毫不客气地对格林尼亚说："请站远一点，我最讨厌被你这样的花花公子挡住我的视线！"这句话就好像针扎一般刺痛了他的心。刚开始，他为这句话而自卑、疯狂、偏执，但不久之后，他就醒悟了。他开始悔恨自己的过去，产生了羞愧和苦涩之感，他决定发奋学习，发誓一定要追回过去所浪费掉的时间，而每当自己的灵魂和肉体麻木的时候，他就用这句话来刺痛自己。后来，他决定远离家乡，临走之前，给家人留下了这样一封书信："请不要探询我的下落，容我刻苦努力地学习，我相信自己将来会创造出一些成就来的。"

格林尼亚来到了里昂，拜路易·波韦尔为师，通过两年刻苦的学习，他终于补上了过去所落下的全部课程。后来，他进入里昂大学插班就读，在上大学期间，他赢得了有机化学权威菲利普·巴尔的器重，在巴尔的帮助下，他将老师所有著名的化学实验重新做了一遍，并准确纠正了巴尔的一些错误和疏忽之处，就这样，在这些大量的平凡实验中诞生了格氏试剂。

格林尼亚就好像打开了科学的大门，他的科研成果不断地涌现出来。基于其伟大的贡献，1912年，瑞典皇家科学院授予其诺贝尔化学奖。这时，他收到了那位波多丽女伯爵的贺信，里面只有一句话："我永远敬爱你。"

波多丽女伯爵无意中的嘲讽，竟然成为格林尼亚前进的动力。虽然，刚开始听到这样的语言，他也自卑、疯狂、偏执，但很快他就醒悟了，他觉得自己应该忍耐这些讽刺，而且应该发奋努力，做出卓越的成绩。果然，当格林尼亚获得了诺贝尔化学奖，那位曾经嘲讽他的波多丽女伯爵只说了一句话"我永远敬爱你"。

我们活在这个世界上，首要目标就是为了实现自己的价值，而并不是为了求得所有人的认同甚至拥护。在我们身边，每个人的思维和行为方式都不一样，总会有一些人跟自己合不来，他们有可能会对我们的言行进行冷嘲热讽甚至侮辱，其实这都是极为正常的。因为在这个世界，任何人都不可能赢得所有人的心，在我们的朋友圈子以外，总会有那么几个人，心生嫉妒，不怀好意地望着我们。不论我们怎么努力，我们都不可能让所有的人都成为自己的朋友。

在这样的情况下，我们需要忍耐那些侮辱，在忍耐中变得淡然，学会忍耐，在忍耐中厚积薄发，就是对侮辱的最好的回击。

其实，退一万步讲，你遭到他人的恶语攻击也是有一定的原因的，那些受人攻击的往往都是那些任重道远的人。这种情况几乎在每个行业都一样，它正说明了你的价值所在。随着你在职场的成功，事业的发达，你可能不会再为日常生活中的柴米油盐和孩子的学费发愁，也不再像事业初创时期那样的疲于奔命，这时，一个让你恼火的事情又扑面而来，那就是在社会上、在你的周围、在你的生活圈内，关于你的谣言四起，攻击你的语言风起云涌。今天有人说你得了一种很不好的见不得人的疾病，明天有人说你和某明星走得很近，后天又说你因为某件事情看破红尘一气之下遁入空门，甚至说你昨天跟情人幽会出了车祸。如此种种，不一而足。面对种种谣传，你会怎么做？

宽心策略

事实是击败任何不实言论的最好武器，受到别人的嘲讽，我们不需要与之争论，而应该淡然处之，然后努力奋斗，最终，那些嘲讽的言辞将会不攻自破。

不怕冷落，让自己积极起来的宽心良方

对于多数人来说，遇到的最尴尬的事莫过于主动与人交谈却受到冷遇了。比如，当你在电梯里遇到领导，好不容易鼓起勇气说：“王主任，早上好！”但对方却可能因为没有注意到你而继续与其他人攀谈。再比如，聚会上，你主动与身边的女士攀谈，但对方好像根本不愿意与你交流。再或者，酒席上，你兴致勃勃等待主办人过来打招呼，但对方好像根本没看到你，此时，你该怎么办?

事实上，受到冷落，对方也许不是在排斥你，而是因为对方的注意力暂时还没转移到你身上，或其他一些客观原因。此时，你不必气馁，而应该继续积极主动与其交往。

彼得·戈德希密特是华盛顿区的一名律师，一次在《旧金山新闻》上看到一篇对某个名人的采访，于是打电话给该名人，希望能探讨其中一些问题。该名人当时抽不开身，接下来几次联系，双方都没有达成约见事宜，而且该名人的态度也很冷淡。但是彼得仍然坚持给他打电话，后来，他们终于在圣地亚哥见了面。从那以后，他们就成了好朋友。

与此相似，演员查克·康纳斯在一次大学返校节游行上看到了他未来的妻子，他打了六次电话后，她才最终答应赴约。鲁丝·芭吉未来的丈夫曾经给她打了30次电话后，他们才最终见面。

的确，大多数在社会交往上很成功的人都积极地把别人拉入自己的生活中。他们经常采用的最重要的两种方式就是：主动与希望认识的人交谈；向希望作进一步了解的人主动发出邀请。即使受挫，依然愈挫愈勇！

宽心策略

其实，和人交谈，我们应当避免持有“不为最先”或“由他人先行而后随之”的态度，即使受到冷落，也应当重新拾起信心，主动交往，这并不是让你去搭讪所有遇见的人，而是希望你明白：如果善于主动与人交谈，你的人际网会变得更广，你的“个人问题”也许也将不再成为“问题”。具体来说，当受到冷落后，我们可以采取以下宽心良方：

1. 改变心境，积极交往

人际交往中，大多数人都倾向于被动接受外界传递的信息，他们习惯于等待别人的微笑，别人的邀请等。而正是因为这种情况的普遍性，造成了彼此双方到头来都很失落，常常会听到他们消极地抱怨“事情总是没有什么结果”。其实确切一点，他们应该责备自己为什么一旦受到挫折，受到冷遇，就不再愿意尝试。

2. 重新树立自信

自信毫无疑问是与人交往最重要的一部分，对自己能力与身份充满自信会让这个过程变得顺畅自如。当你受到冷遇，对自己的价值产生怀疑后，请在头脑里说服自己你是个有趣的人，是个值得与之交谈的人，并清理出自己的优缺点与强弱处。这本身并不存在疑惑，只是你并没意识到而已，当你想清楚这些以后，必能成功地自信起来。

3. 再次吸引注意

在一般的聚会中人们通常会注意到哪个角落爆发出了笑声，而此时如果那个逗笑的人恰巧是你，周围人自然就会感受到你的魅力而慢慢地朝你聚合过来。

其实，有时不必言语也能吸引他人的注意，就像互换眼神，彼此微笑那样简单，这会使得你们互相走近后的介绍变得更为轻松，而不会像随意找人搭讪那样显得局促且不自然。

4. 融入别人的会话

关于如何融入别人的会话，你可以遵循这样一个建议：找到交际场合的中心人物，并向他介绍你自己。

在你所处场合的人群中，他更喜好结交生人，他会更容易接受你的自我介绍，并主动将你推荐给其他人。

5. 选择谈话主题

当你有了自信、鼓起勇气再次找人攀谈时，又会出现另一个问题：谈些什么好呢？下面有几条建议：

①别涉及那些一两句就能结束的话题。对于“嘿，你好吗？”或“你觉得今天天气如何？”之类的问题，大多人的第一反应会是：“你好无趣！”你希望别人这样看你吗？

②以评论时事为突破口。但你不要纠缠那些敏感的政治问题，尤其别讨论战争，多以轻松愉快的为主。

③以周围环境为话题。比如，你所参加的聚会场景的环境如何，音响效果如何，都可任你评论，看到什么你张口便说好了。

④任何事都可以成为话题。当你和一群人在一起闲聊而脑子里突然有了一个想法，就赶紧把它拿出来谈吧，比如“这杯饮料不怎么样！你在喝什么？”“嘿！你这身行头不错，哪儿来的？”等。

当然，最重要的是，别纠缠在你不感兴趣的会话里了，这对任何人都没好处！

吃亏是福，吃亏时把心放宽

生活中，在一些人眼里，吃亏的老实人成了“傻瓜”、“无能者”的代名词，似乎吃亏是理所应当的。但我们似乎也注意到，那些愿意吃亏、让朋友占便宜的人总是有更好的人际关系，无论是工作还是生活中，他们也得到更多人的信任，有更多的升迁机会，也总是有更多的人愿意成为他们的朋友。其实，这句话印证了人们常说的“吃亏是福”这个道理，不计较得失，主动让步，让朋友多占点便宜，可能确实会带来利益上的损失，但却可能给你带来友谊、带来信任，而最主要的是我们获得了心灵上的充实感。

从前有两个人，他们是邻居，一个叫纪伯，一个叫陈嚣。

纪伯是个爱占小便宜的人，这天夜里，他偷偷地将隔开两家的竹篱笆向陈家移了一点，这样，他家的院子的范围就大多了，但他做的这些都让陈嚣看到了。纪伯走后，陈嚣将篱笆又往自己这边移了一丈，使纪伯的院子更宽敞了。纪伯发现后，很是愧疚，不但还了侵占陈家的地方，而且还将篱笆往自己这边移了一丈。

陈嚣的主动吃亏，让纪伯感到相当内疚，他产生了“以小人之心度君子之腹”的感觉，这就欠下了陈嚣一个人情，即使他还了这个人情，但是每当想起时，他还是会内疚，还是会想法报答陈嚣。

表面上是陈嚣吃了点小亏，但实际上因为他会吃亏，反而赢得了纪伯的友谊和尊重，在现代交际中，我们也要学会吃亏，自己吃点亏就是一个很好的交际方法。

因为吃亏，你就成了施者，朋友则成了受者，看上去是你吃了亏，他得了益。然而，朋友却欠了你一个情，在友谊、情谊的天平上，你已加了一个筹码，这是比金钱、比财富更值得珍视的东西。这就是吃了小亏，占了大便宜，也就是放长线钓大鱼的智慧，在小事上让别人占占便宜，长此以往，我们就能赢得牢固的友谊和良好的人际关系，可以说，这是一本万利的事情。

生活中，很多时候，人与人之间常为一些小利小益计较，得失心太重，反而会舍本逐末。的确，人性里都有自私的成分，都希望能占点小便宜，但正是因为这一点，如果你能满足对方的这些小心思，那么，他就能感受到你的大度和豁达，自然愿意把你当朋友，久而久之，对方也会自知理亏，也不会再事事占便宜了。

在安徽桐城有个景点叫六尺巷，这条巷子的由来是这样的：说的是清朝时候，当朝宰相张英的老家的要修一所房子，结果和邻居发生了争执，寸土不让，张家人修书给张英，让他动用权力摆平此事。张英修书一封，只有四句诗：“一纸书来只为墙，让他三尺又何妨。长城万里今犹在，不见当年秦始皇。”

张家人看后惭愧不已，于是后退三尺打地基。邻居见了也是很羞愧，同样后退三尺。于是两家之间就有了这条巷子，被称为六尺巷。

孙子兵法云：“先知迂直之计者胜”，曲中有直，直中有曲，这是辩证法的真谛。宰相张英正是深知这一道理，才留下了“六尺巷”的佳话。

与人打交道的过程中，那些做事太过认真，爱较真，或者说死心眼儿的人，在人际交往中总是吃不开。这就再次证明，“吃亏是福”确实是一剂人生“良药”。

说起来简单，但现实中又有多少人能真正做到？在面对利益争端时，谁又能真正退一步？那些礼貌用语，比如，“对不起”“没关系”“没什么”，又有多少人真的记在心中了？世间有多少人为公车上的磕磕碰碰争得面红耳赤？为了一点蝇头小利，多少生意人争得你死我活？为了一点学术见地，又有多少人弃斯文于不顾？在那一刻这些人有没有想到“退一步海阔天空”的道理呢？

我们的世界那么绚烂，每个人都是独立的个体，任何人都不能把自己的思想强加于人，而我们又必须生活在一定的社会和集体中，这就需要我们学会包容和宽容，展开胸襟，绽开笑脸，接纳天下事，这时，心灵便比大地更厚重，比天空更广阔。

那么，我们该如何做到退一步呢？这需要我们站在他人的角度来思考问题，或者多想想这件事情所带来的好处，因为凡事都有它的两面性。

宽心策略

其实，生活中有很多事都是我们所无法掌控的。大家都想占便宜，又哪里有那么多的便宜让人来占呢？保持一颗平常心，吃得起亏，也许真的会成为人生的一大幸事。在现代交际中，我们也要学会忍耐和包容，这也是一个很好的交际方法，这会让我们在对方眼里变得豁达、宽厚，让我们获得更深的友谊，也会使对方更心甘情愿帮助我们，为我们做事。

让心沉静，做事浮躁时的宽心良方

我们都知道，将任何有意义的事情做好是成功的预示。因为你比别人多付出，你在实际工作中也比别人想得更周到。成就决非朝夕之功，凡事必须从小做起，只要有意义。我们需要记住的是：你不会一步登天，但你可以逐渐达到目标，一步又一步，一天又一天。别以为自己的步伐太小，无足轻重，重要的是每一步都要踏得稳。

然而，在我们做事的过程中，似乎总有一股力量干扰我们，这种力量叫浮躁。浮躁的人做事无恒心，见异思迁，心绪不宁，总想不劳而获，成天无所事事，脾气大，忧虑感强烈。一些人做事时，在开始的时候是一腔热血，然后是热情消退，最后完全放弃。这就是浮躁心理的作用，我们一定要克服这一心理，让自己的心沉静下来。

罗马纳·巴纽埃洛斯是美国第34任财政部长。但在当初，她只是一位贫穷的墨西哥姑娘，16岁就结婚，后来失去了丈夫的支持，独自抚养两个儿子。但是，她那时就决心谋求一种令她自己及两个儿子感到体面和自豪的生活。于是，在梦想的支撑下，她口袋里装着7美元，带着两个儿子乘公共汽车来到洛杉矶寻求更好的发展。

最初她做洗碗的工作，后来找到什么活就做什么，拼命攒钱直到存了400美元后，便和她的姨母共同经营玉米饼店，结果非常成功，并开了几家分店。后来，她经营的小玉米饼店铺成为全国最大的墨西哥食品批发商，拥有员工300多人。

在经济上有了保障之后，巴纽埃洛斯便将精力转移到提高她美籍墨西哥同胞的地位上。她和许多朋友在东洛杉矶创建了“泛美国民银行”。这家银行主要是为美籍墨西哥人所居住的社区服务。如今，银行资产已增长到2200多万美元，但她的成功确实来之不易。当初，有人告诫她说：“美籍墨西哥人不能创办自己的银行，你们没有资格创办一家银行，同时永远不会成功。”就连墨西哥人也说：“我们已经努力了十几年，总是失败，你知道吗？墨西哥人不是银行家呀！”

但是，她始终不放弃自己的梦想，努力不懈。如今，这家银行取得伟大成功的故事在洛杉矶已经传为佳话，巴纽埃洛斯也成为美国第34任财政部长。

可见，人只有坚定地朝着目标努力，内心的力量和头脑的智慧才会找到方向，才能摒除外界的众多流言蜚语和诱惑因素。

人们常说：“一心不能二用”，一个人如果在他心烦气躁，或急于求成，或六神无主的时候，无论如何也不能把事情做好。要想做好事情，就得专心，有条不紊。人做事应该力求完美，做一件事就专心致志，那样才能享受到成功带来的成就感，而你的心情也会愉快，能力也会相应提高，心态也会相应平和起来，如果每件事情都能这样做下去，形成了一个良好习惯，那么你以后做什么事情都可以有条不紊，思路清晰。

相反，如果你不是这样，在做事情的时候，心绪不宁，想把它快点做完，但欲速则不达，最后的结果是，哪件事情也没有做好，心情烦躁，不痛快。如果长期这样，你的做事效率就会越来越差，心态也会越来越浮躁。久而久之，会使你的能力越来越差。

眼光长远、深谋远虑的人，常被夸赞睿智，而很多人在憧憬未来之时，却增添了几分浮躁之气。具体表现在事情刚做到一半，就觉得要大功告成，开始飘飘然起来。急功近利，只讲速度，不讲质量，看不起眼前的小事，认为如此做不出什么名堂来，没有什么意义。他们的兴趣没有被提升起来，挑战自己和别人的欲望也被压抑着。

在生活中，真正的赢家并不是那些聪明的人，而是那些笨的人。因为他们认为自己不够聪明，勤能补拙，所以他们苦干，最终有了自己想要的生活，而相反，那些自以为聪明者，他们喜欢耍小聪明，看到周围的人有更巧妙的方法，他们就投机取巧，似乎这样就显得比别人聪明一点，而最终他们往往输得很惨，所以智慧和实干比起来，实干更加不可或缺。

以下是几条帮助我们摒弃做事浮躁的良方：

首先，要明确目标，选择最好的方法。

聪明的人，有理想、有追求、有上进心的人，一定都有一个明确的奋斗目标，他懂得自己活着是为了什么。因而他的所有的努力，从整体上来说都能围绕一个比较长远的目标进行，他知道自己怎样做是正确的、有用的，否则就是做了无用功，或者浪费了时间和生命。显然，成功者总是那些有目标的人，鲜花和荣誉从来不会降临到那些没有目标的人的头上。

其次，统筹规划，理出做事的提纲。

面对繁杂的事情，我们最好先理出思绪，先做什么，再做什么，分清轻重缓急，才不会乱了阵脚。

最后，要善于总结。

通过总结，我们吸取到经验教训，以后遇到类似的事情，处理起来就容易多了。

宽心策略

总之，无论我们做什么，让自己沉下心来进入角色是非常重要的，越早进入就意味着越早地步入事业的轨道。每天都让自己成熟一些，浮躁之气自然会减少。

第08章

心宽者制造快乐，调节心理生活充满阳光

快乐是世界上最美好的东西，它像阳光，融化内心的冰点；它像雨露，滋润久旱的心田。快乐是爱的呈现，是源自内心深处的高贵。生活中，我们要拥有一颗阳光、欢乐的心，去爱他人，爱生活，感受一切的美好。我们要学会付出，创造欢乐；我们要懂得分享，收获欢乐；我们要正直做人，散播欢乐……用心去感受，爱就在你的身边。

快乐是一种感受，是内心舒服自在的状态

快乐其实很简单，它在于你的内心，在于你的感受。同样是一天，有人过得快乐幸福，却有人过得悲伤抑郁。所以说，懂得去发现快乐，学会去感受快乐，这也是一种智慧，一种气度。纷繁复杂的世界里，有喜有悲，很多人已经把快乐完全寄托在了外界事物上，而不懂得遵从内心的感受，于是，各种痛苦也就接连不断地出现。其实，快乐最本质上只是一种简简单单的内心体验而已，不要给它附加一系列的条件。学会知足，学会珍惜，那么你就是快乐的。世上没有绝对快乐的人，只有不肯快乐的心。

有一只老鼠生活得十分快乐。它快乐的原因很简单。老鼠说："我拥有一颗太阳。这是一颗多么神奇而伟大的宝贝，它给大地山川以灿烂的阳光，给每一种植物、每一个动物带来温暖和光明。"

大家都说老鼠脑筋有毛病。太阳神奇伟大不假，可是，太阳并不只是你的，那是大家的。你想独占不成?

可是，老鼠是一个顽固的家伙。它确信太阳就是自己的。其他动物是不是拥有太阳，它说自己管不着。它说自己要十分珍惜太阳。它每天早晨看太阳从山头跃起的样子，心里高兴极了。它每天晒着太阳，享受着它的温暖。它每天写着赞美太阳的诗，诗写得很一般，很平常，但都是发自心灵深处的。因为，

它从骨子里确信太阳是自己的。它觉得，如果对太阳有半点轻视和浪费，那是一件十分可怕和愚蠢的事。它就这样简单而快乐地生活着。

相比之下，狮大王烦恼很多。狮大王因为争夺一块领地失败，丢了面子和尊严。它想到了自杀。它为选择自杀的方式而煞费苦心。如果选择跳海的话，它怕身体被鳄鱼吃掉，它不希望自己死得那样窝囊而没有面子。如果选择坠崖的话，它唯恐被摔得粉身碎骨，它不想死得那样可怕。如果选择上吊的话，它怕许多动物看见自己可悲的样子，会嘲笑自己，留下话柄。它痛苦极了。

它发现老鼠很快乐。心想，即使自己丢了一块领地，也比老鼠威风多了。可是，老鼠却那样地快乐，而自己却痛苦得要死。

于是它捉住了老鼠。它对老鼠说："你必须把你快乐的秘诀告诉我，否则我会吃了你。"

老鼠说："我实在没有什么快乐的秘诀，我只是平平常常地活着而已。"

狮子说："这决不可能，快乐总是有原因的。"

狮子见老鼠不肯说出快乐的秘诀，心里想，是不是老鼠有十分珍贵的宝贝?

它命令老鼠将自己最心爱的宝贝拿出来。

老鼠说："我最心爱的宝贝是太阳。难道你不曾拥有它吗？"

狮子说："太阳是什么好东西，大家都有份呀。"

老鼠说："假如没有太阳呢？"

狮子感到很吃惊，因为，它从未想过这个问题。它试图往下想一想。这个假设实在太可怕了。这个假设告诉它：原来，太阳才是最宝贵的财富呀。

狮子明白了：老鼠说的是实话。它从心里对老鼠产生了深深的敬意。

它决定放了那只快乐无边的老鼠。

快乐常见的表达方式是笑。有人说，笑容满面那是快乐的象征；有人说，家和万事兴是快乐；有人说，有了亲人朋友就快乐；也有人说，有了钱就快乐。到底什么才是快乐呢？快乐是每一位母亲忙碌的身影。快乐是每一位父亲批评孩子的声音。快乐是每一位老师真心的称赞。快乐是我们生活中每件小事。快乐是人与人相处中的点点滴滴。快乐不快乐，只是心态问题。调整好自己的心态，学会满足才能使我们变得快乐起来。否则，快乐就会离我们而去。快乐是一种心理感受。要不要快乐由你自己决定。

第一，珍惜我们当下的生活。懂得珍惜，才会满足，才会快乐。不要抱怨，不要攀比，相信自己拥有的已经足够美好。很多人在拥有的时候不知道去珍惜，直到失去了才追悔莫及，那么，整个过程都是不快乐的。快乐很简单，只要我们善于发现生活中的美，感恩我们拥有的这一切美好，那么，我们的烦忧也就会随风而逝了。

第二，知足常乐。知足常乐这个词被多少人挂在嘴边用来劝慰自己，可是又有多少人能够真正做到呢？现如今，人们的物质生活越来越充裕，但这永远也满足不了人们的欲望。不懂知足，就不会真正的快乐。欲望无止境，学会克制，学会享受满足的那种感受，才会发现快乐真的很简单。

第三，少一点计较。不快乐是因为有时候我们计较的太多，付出的太少。有时候要想想，赠人玫瑰，手有余香。我们付出了，我们用真诚、感恩的心对待别人了，做人的过程才是最重要的，因为我们付出与感恩的同时，收获的是满满的快乐!

第四，拥有良好心态。有什么样的心态，就会有什么样人生。积极的心态能帮人们获得健康、快乐和财富；而消极的心态带给人们的只会是疾病、痛苦和贫穷。要想改变人生，首要条件就是改变人们的心态。只要心态是正确的，人们的世界也会充满光明。

宽心策略

人活得快乐，就必须要有一个好心态。无论遇到什么事，学会换个角度去思考，就会感到快乐。幸福的人生一定要有正确的思想观念，在正确的思想观念指导下才会有正确的行为，正确的行为多次重复就会形成正确的习惯，正确的习惯就会塑成良好的性格，从而造就幸福美好的人生。

大爱无私，用爱和奉献传递生命的意义

美国的一位心理学家在露天游泳池中做了一个有趣的试验，故意安排不同的人溺水，然后观察有多少人会去营救他们，结果耐人寻味。在长达一年的试验中，当白发苍苍的老人“溺水”时，累计有20人进行了营救；当孩子“溺水”时，累计有32人进行了营救；而当妙龄女子“溺水”时，营救人员的数字上升到50人。

心理学家称，这个试验可以证明人性中有自私的倾向。虽然同样是救人，但他们在跳下水的那一刻，我知道他们心里在想些什么。

这个试验让人想起一个曾经发生的真实的故事。一位职工平时十分吝啬，公司举行募捐活动时他最多出1元钱。但令人奇怪的是，最近他和浙北山区的一位贫困学生结成助学对子，他一次性就拿出了1000元。

其实，每个人的心中都有“基于自己利益”的潜意识倾向，说白了，许多人同时捐助一个人和一个人单独捐助一个人，当然是后者更具有成就感和具有期待回报的可能性。

人是“自私动物”，这并不是一件可耻的事。重要的是，我们如何认识和利用“自私”，而不是逆“性”而为。

一座城市的郊区有一座水库，每年夏天都吸引大批游泳爱好者前去游泳。而水库是城市自来水工厂的重要水源，为了保持水源的清洁卫生，自来水厂在库区竖了许多“禁止游泳”的牌子，但效果并不理想，人们照游不误。

后来自来水厂换了所有的禁止类的标语，公告牌上写着：“你家用的水来自这里，为了你和家人的健康，请保持清洁卫生。”结果，库区中的游泳者就鲜见了。

人性之私，我们不容回避。我们要做的就是营造“我为人人，人人为我”的氛围。我们知道这个世界上需要无私奉献，但事实上，生活中的许多事儿都因为只强调“无私”而收不到良好的效果。

下面我们来看一个关于大公无私的故事，或许这将给我们带来很大的人性反思。

《吕氏春秋·去私》曾有这样一个故事。晋平公作皇帝的时候，有一个叫南阳的地方缺一个官。晋平公问祁黄羊："你看谁可以当这个县官？"祁黄羊说："解狐这个人不错，他当这个县官合适。"平公很吃惊，他问祁黄羊："解狐不是你的仇人吗？你为什么要推荐他？"祁黄羊笑答道："您问的是谁能当县官，不是问谁是我的仇人呀。"平公认为祁黄羊说得很对，就派解狐去南阳作县官。解狐上任后，为当地办了不少好事，受到南阳百姓普遍好评。

过了一段时间，平公又问祁黄羊："现在朝廷里缺一个法官，你看谁能担当这个职务？"祁黄羊说："祁午能担当。"平公又觉得奇怪，"祁午不是你的儿子吗？"祁黄羊说："祁午确实是我的儿子，可您问的是谁能去当法官，而不是问祁午是不是我的儿子。"平公很满意祁黄羊的回答，于是又派祁午当了法官，后来祁午果然成了能公正执法的好法官。

孔子听说这两个故事后称赞说："好极了！祁黄羊推荐人才，对别人不计较私人仇怨，对自己不排斥亲生儿子，真是大公无私啊！"

后来，人们就用"大公无私"这个成语，形容完全为集体利益着想，没有一点私心。也可以指处理事情公正，不偏向任何一方。

自私与无私之间只有一念之差、一线之隔，倘若自己内心把握不好这个度，有一点贪念，那么就极易走上自私自利的道路。做人不计个人利益，大公无私是一种美德，也是做人基本的准则，我们要学习祁黄羊的这种精神，为人正直，不计较个人利益，无论环境如何变化，都要始终秉持自己的想法，做一个高尚的人。

宽心策略

第一，做人要大气、大度。做人大气，心怀宽广，才能成为一个无私的人。要先从小事开始，不与人斤斤计较，不太计较人生得失，抱着塞翁失马，焉知非福的心态待人处事。这样我们的境界就会高远许多，不会因一点私利而耿耿于怀，心存仇恨，能够淡然地看待事物，容纳他人，无私待人。

第二，多读书。要多看点修身养性的书籍，诸如哲学类书籍，调整自己的人生观，时刻提醒自己；还有心理学书籍，培养自己一个良好的心态，积极向上，努力生活；或者是名人传记，吸取别人的经验，取他人之长，增加自己之优势。

第三，乐于助人，为他人着想。如果事事总喜欢与别人争夺，只顾一己私利，那么身边的朋友将会渐渐离你而去。只考虑自己，从不想想他人的处境，那么你得到再多，却失去了朋友，会快乐吗？我们要懂得去爱他人，帮助他人，站在他人的角度去考虑，那么久而久之，我们将会收获更多的情感。从自私到无私的转变，将给你带来不小的收获。

公正坦率，正直是最高贵的品质

快乐不能靠外来的物质和虚荣获得，而要靠自己内心的高贵和正直。能保有这高贵与正直，即使在财富地位上没有大收获，内心也是快乐和满足的，同时也是受人尊重的。

晏婴是春秋时期齐国大夫。开始时，齐景公委派他做东阿的地方长官，干了三年，景公听到一些人对晏婴有不少反对意见，很不高兴，决定免掉他的官职。晏婴知道后，很镇静地对齐景公说：“感谢大王对我的仁德！我知道自己犯了什么错误，恳请大王让我回东阿再干三年，我保证让您听到对我的赞赏。”景公听罢，稍加思索，也就答应了。

在这三年里，景公果然听到了很多赞扬晏婴政绩的话，非常高兴。于是，又召见晏婴，高兴地对他说：“这三年你干得很好，不少人都夸奖你呢。我要厚加赏赐于你。”晏婴却坚辞不受。

景公感到奇怪，问道：“你为什么不肯接受我的赏赐？”

晏婴回答说：“前三年我治理东阿，辛辛苦苦地修筑道路，抓紧解决治安问题，惩罚盗贼，那些犯法的坏人就仇恨我；我提倡勤劳节约，孝敬父母，兄弟友爱，那些奸懒放荡、蛮不讲理的游民就厌恶我；我断案公正，不偏袒富豪权贵，那些家伙就咒骂我；大王身边的亲信对我有要求，合法的我就办，不合法的我就拒绝，这些人就埋怨我；为大王宗族和贵戚办事，我对他们不特殊优惠，这些人就攻击我。所以，前三种人在外边讲我的坏话，后两种人则在大王的耳边说我的不是，因此前三年大王听了不少反对我的意见。”

晏婴停了一下，看了看齐景公，又接着说：“后三年，我一反过去的做法，那前三种人就在外边讲我的好话，后两种人则在大王面前夸奖我。说实在的，以前大王要罢我的官时，我倒应当受到奖赏；现在大王要奖赏我，我倒应当受到惩罚，所以我才不敢接受大王的赏赐。”

齐景公听了晏婴的这一席话，恍然大悟，发现晏婴原来是一个非常贤能也很正直的人，遂决定予以重用，委任他做了齐国的国相。三年后，齐国大治。

不论何时何地，能够保持初心不变，做一个正直有原则的人，这也就是人性的高贵之处。

此外，华盛顿砍樱桃树的故事也能给我们带来很大的启发。

一天，父亲送给华盛顿一把小斧头。那小斧头崭新崭新的，小巧锋利。小华盛顿很高兴。他想：父亲的大斧头能砍倒大树，我的小斧头能不能砍倒小树呢？我要试一试。他看到花园边上有棵樱桃树，微风吹得它一摆一摆的，好像在向他招手：“来吧，小华盛顿，在我身上试试你的小斧头吧！”

小华盛顿高兴地跑过去，举起小斧头向樱桃树砍去，一下，两下……樱桃树倒在地上了。他又用小斧头将小树的枝叶削去，把小树棍往两腿间一夹，一手举着小斧头，一手扶着小树棍，在花园里玩起了骑马打仗的游戏。

他的爸爸回家后，看见被砍断的小树非常生气，因为这棵樱桃树花了很多钱才买到，是华盛顿的爸爸最喜欢的一棵树。

华盛顿看着爸爸很生气，心里虽然很害怕会被处罚，但是还是鼓起勇气跟爸爸说："爸爸，樱桃树是我砍的！我只是想试试您送我的斧头是不是很锋利。"

他的父亲看到华盛顿有勇气承认自己的错误，不但没处罚他，反而大大称赞他："好孩子，你的诚实让我很欣慰，因为即使是一万棵樱桃树也比不上一个诚实的孩子啊！"

面对内心的恐惧，能够用诚实的心去面对错误，这就是正直带给人的高尚境界。

正直彰显高贵，带来内心最淳朴的快乐。倘若不面对本心，让邪恶的力量玷污了内心的那份纯真与善良，那么怎么可能得到最真实的欢乐呢？做一个正直的人，一个公正的人，让内心多一份坦荡，多一份安定，多一份舒适。

宽心策略

第一，为人正直，要敢作敢当。做人要有胆量，我们要做一个敢作敢当的人。敢于放手行事，敢于承担责任。自己做错了事情，不要怯懦的去推卸责任，要学会承担，敢于改正，这才能赢得大家的尊重。

第二，为人正直，要诚实守信。人生活在社会中，总要与他人和社会打交道。处理这种关系必须遵从一定的规则，那就是诚实守信，有章必循，有诺必践；否则，个人就失去立身之本。倘若总是失信于他人，还怎么在朋友间立足呢？所以，答应朋友的事情一定要做到，这样才能赢得他人的尊重和认可。

第三，为人正直，做人处事公正坦率。正直就是要不畏强势，敢作敢为，要能够坚持正途，要勇于承认错误。正直意味着有勇气坚持自己的信念。这一点包括能够坚持你认为是正确的东西，在需要的时候义无反顾。在生活中，切记要做一个公正坦率人，不要因偏袒自私而酿成大错。

消除芥蒂，用爱融化心中的坚冰

生活中，我们要突破自己的各种心理障碍，让自己做到心胸开阔，容下一切负面情绪以及意外之事，乐观热情，只有这样，我们才能融化自己心中的冰雪，让爱的阳光去暖化一切，去融化内心的冰点。

以前，有一位非常富有的商人，在他年事已高时，便决定把家产分给三个孩子，但在分财产之前，他要三个儿子去游历天下做生意。

临行前，富商告诉孩子们："你们一年后要回到这里，告诉我你们在这一年内所做过的最高尚的事。我的财产不想分割，集中起来才能让下一代更富有，因此只有一年后能做到最高尚事情的那个孩子，才能得到我的所有的财产！"

一年过去后，三个孩子回到父亲跟前，报告这一年来的所获。

老大先说："在我游历期间，曾遇到一个陌生人，他十分信任我，将一袋金币交给我保管。后来他不幸过世，我将金币原封不动地交还他的家人。"

父亲："你做得很好，但诚实是你应有的品德，称不上是高尚的事情！"

老二接着说："我旅行到一个贫穷的村落，见到一个衣衫破旧的小乞丐不幸掉进河里，我立即跳下马，奋不顾身地跳进河里救起那个小乞丐。"

父亲："你做得很好，但救人是你应尽的责任，还称不上是高尚的事情！"

老三迟疑地说："我有一个仇人，他千方百计地陷害我，有好几次，我差点死在他的手中。在我旅行途中，有一个夜晚，我独自骑马走在悬崖边，发现我的仇人正睡在崖边的一棵树旁，我只要轻轻一脚，就能把他踢下悬崖；但我没这么做，我叫醒他，让他继续赶路。这实在不算做了什么大事……"

父亲正色道："孩子，能帮助自己的仇人，是高尚而且神圣的事，你办到了，来，我所有的产业将是你的。"

“爱产生爱，恨产生恨”，懂得用宽容的心去看待仇恨自己的人，甚至能帮助对方摆脱危险，这样的人，才是高尚的人。老三能够放下心中的仇恨，用爱去说服自己的内心，融化内心对仇人的不快，实为高尚之举。

1944年的冬天，饱受战争创伤的莫斯科异常寒冷，两万德国战俘排成纵队，从莫斯科大街上依次穿过。

尽管天空中飘飞着大团大团的雪花，但所有的马路两边，依然挤满了围观的人群。大批苏军士兵和治安警察在战俘和围观者之间划出了一道警戒线，用以防止德军战俘遭到围观群众愤怒的袭击。

这些老少不等的围观者大部分是来自莫斯科及其周围乡村的妇女。她们之中每一个人的亲人——或是父亲，或是丈夫，或是兄弟，或是儿子——都在德军所发动的侵略战争中丧生。她们都是战争最直接的受害者，都对悍然入侵的德寇怀着满腔的仇恨。

当大队的德军俘虏出现在妇女们的眼前时，她们全都愤怒地将双手攥成了拳头。要不是有苏军士兵和警察在前面竭力阻拦，她们一定会不顾一切地冲上前去，把这些杀害自己亲人的刽子手撕成碎片。

俘虏们都低垂着头，胆战心惊地从围观群众的面前缓缓走过。突然，一位上了年纪、穿着破旧的妇女走出了围观的人群。她平静地来到一位警察面前，请求警察允许她走进警戒线去好好看看这些俘虏。警察看她满脸慈祥，没有什么恶意，便答应了她的请求。

于是，她来到了俘虏身边，颤巍巍地从怀里掏出了一个印花布包。打开，里面是一块黝黑的面包。她不好意思地将这块黝黑的面包，硬塞到了一个疲惫不堪、拄着双拐艰难挪动的年轻俘虏的衣袋里。年轻俘虏怔怔地看着面前的这位妇女，刹那间已泪流满面。他扔掉了双拐，“扑通”一声跪倒在地上，给面前这位善良的妇女，重重地磕了几个响头。其他战俘受到感染，也接二连三地跪了下来，拼命地向围观的妇女磕头。于是，整个人群中愤怒的气氛一下子改变了。妇女们都被眼前的一幕所深深感动，纷纷从四面八方涌向俘虏，把面包、香烟等东西塞给了这些曾经是敌人的战俘。

叶夫图申科在故事的结尾写了这样一句令人深思的话："这位善良的妇女，刹那之间便用宽容化解了众人心中的仇恨，并把爱与和平播种进了所有人的心田。"

敌人是无法用武力彻底消灭的。彻底消灭敌人的最好方法，就是用爱去感动他们！改变他们！把他们变成朋友！爱是人世间最温暖的，它能感化万物。用爱去消除我们内心的芥蒂，融化心中的冰雪，这样便能撒播无限的光明与温情。

宽心策略

生活中并不是事事如意，与人交往，难免磕磕碰碰，总会在内心存下芥蒂，冰冻无数的情感。我们要学会敞开心扉，洒进一米阳光，用爱去化解这一切，这样我们的心情才会更加的明媚。

别给自己设定假想敌，别和自己较劲

人们最大的敌人，不是别人，恰恰就是自己。只要冲破了内心的那一层障碍，或许你离成功真的不远了。其实，有时候我们总喜欢为自己设置一层又一层的屏障，幻想出一个又一个的对手，去与之争斗，最后却把自己弄得狼狈不堪。这其实就是自己内心"假想敌"在作怪的缘故。所谓"假想敌"，就是根本不存在的敌人，只是内心虚设的一个对手，而且会花费大量的心理能量同这个对手作战，并且不经意间把这种"斗争"的心态带到现实生活中来，影响自己的生活。

这里有一个很老套的故事，却在不同时间不同地点，不断地上演着。

他喜欢她，一位完美的女生，可是却一直不敢表白，自认识以后，偶尔有接触，他总是显得极不自然。他感觉自己很老土，很笨拙。他感觉自己配不上她，他深信追她的人很多，而且每一个人都比自己强，虽然在很多人看来，他其实是一个挺不错的小伙。

她毕业了，在一家报社工作。有一回，他们在某家杂志社举办的座谈会上相遇，他发现她变得更漂亮了。座谈会结束后，她站起来走到他的身边，主动提出跟他一起走走，可是慌乱的他却找了一个可笑的借口，自己一人匆匆地溜了。

后来还有不少接触的机会，可是他从来就没有想过去追她。他总是想，她太出色了，追她的人一定也很出色，自己没有优势的，与其被拒绝，经历一番不必要的伤心，还不如把对她的那种爱慕埋在心底，全身而退。

随着年龄的增长，他开始明白，她不是仙女，也不是天使，无论她多么出色，她依然是一个普通、有着平凡心理的女人。于是有一天，他鼓起勇气，约她到酒吧，聊天时问起：“你现在还是自由身吗？”她平静地告诉他，就在两个月前她登记结婚了。

沮丧和失落是难免的。可是他依然相信，她选择的人肯定比他强，比他能干，比他帅气，也比他更喜欢她。

有一天大家见面了。他吃惊地发现，那个人根本就没有他想象的那么“精彩”，面前的这个胖乎乎的家伙是那么的平凡，几乎平凡到令人失望的地步。这个时候他开始有所领悟：他是被自己无中生有的“强大的假想敌”吓退了。

他产生了一种幸福被掠夺的痛感。

但他也发现，那个人身上有一种他不具备的东西，那种东西可以称之为“理所当然的自信”：没有那么多的瞻前顾后，没有那么多的藏头缩尾。那是男人的自信。原来自信可以令一个最平凡的人变得精彩、生动。

幸福从来就不是可以被别人掠夺的，除非你自己剥夺自己追求的权利。我们总是以为目标高不可攀，总以为对手高大威猛，于是自己早早地就缴械投降。事实上，几乎你的每一个“假想敌”都不如你。真正的敌人永远都是你自己，是你自己内心深处的怯懦和软弱。

故事很简单，但却每次都能戳中人们的内心深处，让人久久不能平静。

在职场中，常会见到这样的一些人，他们在工作中已经取得了一定的成绩，但是，他们总觉得某些同事在背后批评自己。于是，他们把这些同事当成自己的“敌人”，无论做任何事，都想和同事比一比，以证明自己的能力。久而久之，他们发现，自己在被这些“敌人”撵着跑，稍一停顿，就可能会被超越和取笑。

可能很多身在职场的人都遇到过类似的问题。同事之间无可避免地会存在竞争和利益关系，那些比较孤僻、自恃清高、不善合作的人很容易把一些相对优秀、和自己水平相当的同事视为竞争对手。说到底，“假想敌”存在的根源就是竞争，以及竞争带来的心理防御机制。

这些人认为同事在和他竞争，时时刻刻都等待时机超越自己，这种情况也许是真实的。但是，这更可能是被他自己放大的假象，是他自己内心世界的投射。人们之所以设立“假想敌”，其实是缺乏自信的表现，真正的敌人不是别人，恰恰是自己。

这类人一般很难接受自己的缺点，也很难接受别人比自己优秀。如果内心长期设立“假想敌”，就会消耗心理和生理能量，最终磨灭斗志，阻碍个人发展。长此以往，工作也会变得更糟糕。

宽心策略

如果你正忙着和“假想敌”较劲，就该调试一下心态。不要总找人竞争，也不要把自己的失败归结在无辜的同事身上。要知道“假想敌”的出现，可能是对你工作的一个提醒，把他当成朋友，比当敌人更有利于自我成长和工作进步。

多给予比多接受更使人快乐

一个人的可悲之处不是贫穷，而是没有一颗懂得给予的心，无法从中感受到那份感动和快乐。给予有很多种，不仅仅是物质，还有精神财富的给予。如教师，传授知识，培育人才，桃李满天下，这就是给予的快乐。做慈善也是一种给予，倘若是为换取名利，那么并非达到做慈善的根本，倘若为资助他人、真心付出而感到幸福快乐，那就是真正意义上的慈善家。其实，给予比一味地去接受更加的快乐，更能得到内心深处的那份感动。在某些人的眼中，给予即意味着失去，而失去，则意味着不幸。实则不然，给予，往往会是另外一种幸福。

巴勒斯坦有两个海，世上也有两种人。

伽里里海接受约旦河，但绝不把持不放，每流入一滴水，就有另一滴水流出，接受与给予同在。世上就有这种人。

被国外同行誉为“中国第一手”的北京积水潭医院手外科大夫韦加宁教授在手外科方面的学问自然是第一流的。他高尚的人格，完美的医德，同样也是第一流的。他第一流的人品，主要的表现就是给予。晚年，他不幸患上癌症，发现时已是晚期，这对他意味着什么，他自然很清楚。短时间的痛苦后，他很快恢复了平静。

当他经受这场噩梦的折磨时，他也在他生命最后的日子里努力完成他的《手外科手术图谱》，给予自己深爱的事业，给予自己的学生。这期间，他依然不忘自己的病人，想更多地给予他们一些帮助。即使病情越来越重，他还是常将自己的笑容给予家人，给予同事，尽量减少自己的病痛给他人带来的不安。在接受与给予中，他感到从容、平静、安详，以快乐与满足的心情走完自己有尊严的一生。

接受一如“飞流直下三千尺”那般畅快淋漓，付出恰似“一江春水向东流”那般坦坦荡荡。它们实现的是快乐，是幸福。

孩子是妈妈的心肝宝贝，从出生到长大成人，妈妈都一直悉心照顾着他。妈妈为他穿衣做饭，为他嘘寒问暖，为他操心劳力……却不曾有一句怨言。直到有一天，妈妈积劳成疾卧病在床，她害怕自己命不久矣，孩子会得不到照顾，她想把自己多年辛苦劳动，省吃俭用存下来的积蓄交给孩子，可是孩子看见母亲重病不起，而且以为家徒四壁已无可图，就连看都懒得看他母亲。他不曾为她穿衣做饭，不曾为她嘘寒问暖，不曾为她操心劳力……有的只是一句句怨言。母亲流下了最后一滴泪……

一个人如果只懂得接受，不懂得给予，他永远也感受不到那份真挚的情义，那份真心的感动，更体会不到爱的真谛。

别林斯基曾说过：“在失望的荒地上付出你宽大的胸怀，在希望的沃土上会得到你心灵的慰藉。”让我们携一缕接受的阳光，系一丝付出的绸带，整理行装，踏上实现自我的道路。

宽心策略

不要总是等待着去接受什么，学会给予，你将收获不一样的幸福感。

第一，学会分享，收获更多。在生活中，如果你得到一件东西，你就得付出一些东西。如果你要得到更多的财富，你就得去工作，去创业，去付出你的劳动力、智力、财力。在与人相处的时候，你想要得到别人的认可，你就得去证明自己。你想得到别人的感情，你就得付出感情，以及别人认为有价值的东西。正因为每个人都有自己的一亩田地，都有自己的隐私，所以就要多想一下，别人为什么要相信你，要为你付出财力、物力。

当你遇到经济困难的时候，不要奢望别人给你经济上的任何帮助，钱对于任何人来说都是不够用的。只有建立在你先给予的情况下，当你下次遇到困难的时候，对方才有可能会帮助你。其实，大家在给予别人帮助的时候，都会去衡量的，有的是不求回报去帮助你，但这样做会让他自己好过些，只要付出的一方认为值，他就会去付出。所以，学会分享，才会让你的生活更加丰富多彩，朋友越来越多。

第二，学会珍惜。学会付出就要懂得去珍惜，珍惜别人对你的付出，尊重他人，为你所爱的人（不只是感情上的，同时包含友谊上的、亲情上的。）做一些力所能及的事情，如果有什么困难，尽最大努力去帮助他们，付出也可以给社会，给国家，为社会献出一份爱心就是在付出，为国家多赢得一些荣誉、热爱祖国，这也是付出。总之付出的层面是很广的，只要你觉得帮助他人是一种快乐，那么你的付出就是一种幸福。同时你也一定要学会珍惜身边的幸福。

总之，愿世界因你的存在而有所不同，即便只是微乎其微的改变。

第09章

宽心是一种理解：饶恕别人也是善待自己

很多时候，我们的眼睛只盯着对方的缺点，而丝毫没有意识到对方也是有很多优点的，这样一来，我们就会一叶障目不见泰山。实际上，要想与对方融洽相处，我们就要学会包容他人，从本质上来说，在包容他人的同时，你也是在放过自己。

每一个结果都是好的结果，因为它没有变得更糟

在生活中，我们总是能够期待事情朝着好的一面发展。然而，却往往事与愿违。其实，事情的发展都是多向性的，不可能完全按照我们的意愿。很多时候，我们明明觉得已经万事俱备，只欠东风了，但是在实际操作的过程中，事情总是因为各种各样的原因而发生很多微妙的变化。正如蝴蝶效应所指，在一个动力系统中，初始条件下微小的变化可以使整个系统产生长期的巨大的连锁反应。这是一种混沌现象。

蝴蝶效应最早是由美国气象学家爱德华·罗伦兹于1963年在一篇提交纽约科学院的论文中提出来的。“一个气象学家提及，假如这个理论被证明是正确的，那么，仅仅需要一只海鸥扇动翅膀就足以永远地改变天气变化。举例而言，一只南美洲亚马逊河流域热带雨林中的蝴蝶，假如偶尔扇动几下翅膀，那么就能够于两个星期后在美国德克萨斯州引起一场龙卷风。”经过分析不难发现这种现象是有理论依据的，因为蝴蝶扇动翅膀的运动，能够使自己身边的空气系统产生变化，并且还会产生非常微弱的气流，而微弱的气流的产生又将引起周围空气或其他系统产生与之相应的变化，由此引起一个连锁反应，最终导致其他系统发生巨大的变化。这种现象也叫混沌现象。在社会上，在诸如天气、股票市场之类的在一定时段内难以预测的相对复杂的系统中，蝴蝶效应非

常常见。广泛地说，事物发展的结果，对初始条件具有非常敏感的依赖性，初始条件的极小偏差，就有可能引起结果的巨大差异。在社会学界，蝴蝶效应主要说明了下面这个道理：一个坏的微小的机制，假如不加以及时引导、调节，那么就会给社会带来非常大的危害，戏称为“风暴”或者“龙卷风”；与此相反，一个好的微小的机制，假如加以正确的指引，那么只要经过一段时间的努力，就能产生轰动效应，也有人将其称为“革命”。

从蝴蝶效应中，我们不难得出一个结论，即使事情有可能变得更好，也有可能变得更糟糕，只需要其中一个小小的改变。所以，当我们为事情糟糕而感到伤心绝望的时候，或者当我们为事情没有得到更好的结果而觉得遗憾的时候，不如想一想事情也有可能变得更加糟糕。如此想来，你就能够变得更加释然，为自己得到眼下的结果而感到庆幸。正是因为如此，很多人在做事情之前会先把最坏的结果考虑清楚，这样一来，不管结果如何，对他而言都是最好的结果。相反，假如有人在真正开始去做事情之前总是想着最好的结果，那么，对他而言，任何其他的结果都是很糟糕的。实际上，这只是因为心理预期的不同。为了使我们更加乐观地对待发生的事情，我们不妨想一想，事情很有可能变得更加糟糕。

在足球场上，费迪南德是个让人既爱又恨的家伙。当年，他加盟利兹带上队长的袖标，率领球队打进欧洲冠军联赛四强，仅仅时隔半年之后，他就脱下白色战袍加盟死敌曼联，年初，这位红魔后防线大将曾经与切尔西闹出了眉来眼去的绯闻，但很快，他就用头球终场前击败了利物浦，这是一个综合了悖论和矛盾的家伙，即使是在国家队里，费迪南德也是毁誉参半，经常是世界级发挥伴随着漫不经心的低级失误，不过，这些都无妨他成为英格兰的里奥·费迪南德。

费迪南德是后防线上位置最为稳固的球员。然而，在英格兰队在南非的一次训练中，费迪南德在和赫斯基的拼抢中左膝盖受伤，马上就被送往医院进行扫描。最终的扫描结果带来了一个非常糟糕的消息，费迪南德的左膝韧带受到严重创伤，将不能参加世界杯决赛阶段的比赛。就这样，因为伤痛，费迪南德得不得告别世界杯。然而，他并没有责怪肇事者。在经过一夜痛苦的思考之后，他已经能够坦然面对现状了。

费迪南德平静地说，“在我去扫描之前，我就已经意识到自己和世界杯无缘了，之所以去医院进行检查，我只是想再确认一下而已。这的确非常让人失望，不过，我如今已经走了出来。”费迪南德坚定地说：“发生那件事情之后，第一个晚上特别难熬，要知道，那意味着你将失去代表你的国家参加世界杯的机会。我曾经无数次设想过关于世界杯的场景，率领国家队参加一次世界大赛是我的最高梦想，我几乎彻夜无眠。”

在历届大赛之前，都有很多明星球员因为形形色色的原因最终与大赛无缘，并且酿成一生的悲剧，对于已经有过三次世界杯经历，并且还有2014年希望的费迪南德而言，即使是这样沉重的打击好像也不足以“致命”。对于这件事情，费迪南德非常努力地表现出了乐观的一面：“在痛苦之后，我想我已经可以坦然面对了。还有很多人的情况比我更加糟糕。归根结底，我还健康地活着，今后还有机会从事足球运动，希望我能够早日康复，尽早归来！”

宽心策略

对于一个始终渴望着在世界杯上一展雄姿的足球运动员而言，费迪南德遭受的打击是非常沉重的。但是，在经过一夜痛苦的煎熬和思考之后，他觉得对于自己而言，结果还不是最糟糕的。因此，他才能够坦然面对命运所开的残酷玩笑。其实，生活中的很多事情都是如此，所以，我们应该做好最坏的打算，然后再朝着最好的方向努力，这样一来，每一个结果都是很好的结果，你也能够怀着愉悦坦然的心情接受这一切的结果。

坚守自己想要的人生，不因欲望而逞强

在生活和工作中，很多人都争强好胜，总是想处处都比别人强。然而，事情往往不尽如人意。有些人生活得非常从容，因为他们知道自己想要什么，不管外界如何变化，他们始终坚守自己的内心，坚守着自己想要的人生。他们很少去攀比，因为他们的目标不是把别人比下去。相反，有些人则生活得非常局促，他们总是很辛苦地生活，时时刻刻都在和别人一比高下。他们不仅和别人比吃、比喝、比穿，而且也和别人比爱人、比孩子、比父母，总而言之，他们的一生都在比较之中。假如能够比得过还可以盲目地乐观一会儿，但是一旦发现自己比不过别人，那么他们的心情就会陷入低潮，始终无法自拔。实际上，在人生终结的时候，人们能够从这个世界上带走什么？事实是什么也带不走。

对于任何人而言，一生的经历在生命逝去之后也会随风消散，所以，真正拥有的是活着时候的感受。由此可见，对于人而言，幸福和快乐的感受是最重要的，而不是当多大的官，有多少钱。在生死之间，任何人都是平等的，不管身份是高贵还是卑微，不管钱是多还是少，都是一样赤条条地来，赤条条地去。假如能够想明白这一点，那么你就会恍然大悟，意识到自己其实无须为了很多不值得的事情拼尽全力。因为，即使你拥有这个世界，你也只能拥有这一生，你也同样无法超越生死。

在讨伐许国之前，郑庄公需要为自己挑选先行官。为此，他组织了一场比赛，大多数武将都前来参加。为了得到郑庄公的重用，这些武将都非常珍惜这次难得的机会，希望在这次比赛中胜出。

经过第一轮击剑比赛之后，郑庄公从众多武将之中筛选出6个人，让他们进行第二轮射箭比赛。这6个人里，有一个武艺高强、年轻气盛的年轻人叫公孙子都，他心高气傲，一向不把别人放在眼里。他是第五个上场的，只见他搭弓上箭，3箭连中靶心。他洋洋自得地看了看最后一位选手。

最后一位选手是颖考叔，他是一个头发花白的老人。别看他的年纪已经很大了，但是他的射箭技术同样是一流的。只见他走上前去，从容不迫地射出3箭，也是箭箭连中靶心。

此时，庄公已经发现他们两个人武艺超群了。相比之下，公孙子都比较年轻，有冲劲儿，是个难得的人才，不过，缺点是有点傲气；而颖考叔年纪尽管有点老，但是他曾经劝庄公与母亲和解，武艺又高，也是个难得的人才。一时之间，郑庄公很难定夺，所以就决定再设一项比赛，让他们二人一较高下。

庄公派人拉出一辆战车，对他们说：“你们二人站在百步开外，一起来抢这部战车。谁抢到手，谁就可以担任我的先行官。”两人都开始行动起来，公孙子都仗着自己比较年轻，以为自己必胜无疑。想不到的是，他在中途脚下一滑，跌了个大跟头。等到他灰头土脸地爬起来的时候，颖考叔早就已经抢车在手了。所以，庄公宣布颖考叔为先行官。自此以后，公孙子都对颖考叔怀恨在心。

在进攻许国都城的时候，颖考叔一马当先，手举大旗率先从云梯上冲上许都城头。眼看着颖考叔即将大功告成，公孙子都妒火中烧，居然在一气之下抽箭射死了颖考叔。众将士都以为颖考叔是被敌人射中的，所以就拿起战旗，继续攻城，最终顺利地拿下了许都。

几天前，琳达和领导请假去参加一个葬礼。参加完葬礼之后，她告诉同事们，死者是她的大伯。大伯其实年纪并不大，只有六十来岁，原本就患有轻微脑血管疾病。有一天，大伯与几位老友玩麻将的时候，因为怀疑其他两位老友联手起来坑他，因此与他们之间发生争执。在激烈的争吵中，大伯情绪激动，恨得咬牙切齿，冲动之中，他想站起来去拉扯对方，但是，就在站起来的那一瞬间，他却猝然倒地身亡。医生诊断其猝死的原因是脑溢血。

在第一个事例中，颖考叔抢到了先行官的官职。然而，在进攻许国都城时，颖考叔抢先上了城楼，最终被公孙子都一箭射死。而在第二个事例中，琳达大伯的死则更加让人匪夷所思，打麻将只是平日里的消遣，而且和自己的老友一起玩。但是大伯却凡事较真，非要说个清清楚楚，因为情绪过于激动引发了脑溢血，最终导致撒手人寰。在这两个事例中，死者都是因为争强好胜才失去了宝贵的生命。在人生的最后一刻，假如人们还有时间思考，那么一定会为自己曾经的争强好胜而懊悔。

正如常言所说的，好强的人没有好强的命。事实确实如此，很多时候，人假如太好强了，反而处处不能顺心如意。要知道，每个人的人生只有一次，错过了就再也无法回头。所以，我们应该找到自己真正想要的是什么，不要为了一时的争强好胜而使自己追悔莫及。对于任何人而言，人生都是非常短暂的，在这短暂的光阴之中，你想得到的究竟是什么？是一时的风光、别人的艳羡，还是自己内心深处的幸福感受？

怀揣宽容之心，不要过于在意别人的小瑕疵

俗话说，金无足赤，人无完人。在这个世界上，没有绝对的完美，不管是人还是事情。人们常说，有得必有失，有舍必有得。辩证唯物主义告诉我们，任何事情都是有利也有弊，有弊也有利的。虽然道理人人都懂，但是生活中却还总是有人揪住别人的小辫子不放，总是得理不饶人。其实，这是一种很不好的做法。当你在意别人的小瑕疵的时候，你首先应该反思自己是否是完美的。古人云，己所不欲勿施于人，假如你本身就是不够完美的，那么你还有什么权

利要求别人是完美的呢？由此可见，我们不应该过于在意别人的小瑕疵，而应该怀着一颗宽容之心去看待别人。

很多时候，过于完美的人或事总是给人以不太真实的感觉。就像古人所说的，水至清则无鱼，人至察则无徒。意思就是说，水太清了，鱼儿就没法生存了。一个人太苛刻了，就很难交到朋友，因为没有人敢和他打交道。其实，凡事都是有两面性的，从一个角度来说，水清是好事，因为假如水太浑浊了，就没有足够的氧气供鱼儿呼吸。但是，从生态的角度来说，水太清了，水中就缺乏微生物，导致鱼儿生存的生物链被破坏，鱼儿自然也就无法生存了。同样的道理，在这个世界上，谁能保证自己是完美的呢？谁能保证自己不会犯任何错误呢？可以说，没有人能够做出这样的保证。既然如此，我们就应该能够容忍别人的一些不完美和小瑕疵。很多时候，我们不能抱定自己的观点去评价别人，而要容忍一些不符合自己价值观点和评判标准的人和事物的存在。这样才能使自己变得更加宽容，从而交到更多的朋友，使自己的人际关系更加顺畅。

卫国的宁戚始终怀才不遇，很想帮助齐桓公治国，但是缺苦于没有途径。

一天，他帮商人赶着装载货物的车子到了齐国，非常巧的是，他遇到了桓公，宁戚心中感到非常悲伤，所以就敲着牛角大声唱起歌来。桓公听到歌声的时候，情不自禁地心头一震："真是不同寻常啊，这个唱歌的人肯定不是普通人。"

当时，齐桓公就把宁戚请到朝廷，并且还赐予他衣服帽子，专门召见他。宁戚见到桓公之后，就把自己治国的主张全都说给桓公听。桓公听了之后特别高兴，准备任用他。出乎齐桓公的意料，大臣们却纷纷表示不同意，劝谏道："这个人是卫国人。既然卫国距离咱们国家很近，咱们不如先去了解他，假如确定他的确是个非常贤德的人，那么再任用他也不迟。"不过，桓公却说："无须多此一举。你们之所以建议我去了解他，无非是担心他有一些小毛病，然而，要想拥有天下的杰出的人才为己所用，我们就不能因为人家的小毛病而丢掉人家的大优点。"毋庸置疑，桓公是一个非常开明的国君，他不过分在意别人的小瑕疵，而只看中别人的大德。正是因为他有如此的心胸，所以他才能够招来天下的豪杰之士为己所用。

在南北战争初期，为了保证战争能够取得胜利，林肯在选拔人才担任北军统帅的时候始终坚持一个原则，即必须要没有缺点的人。但是，事与愿违的是，他所选拔的这些修养甚好、几乎完美无瑕的统帅，在人力和物力占据绝对优势的条件下，却被南军的将领一一打败。有一次，他们险些连华盛顿都失守了。事实给了林肯惨痛的教训，他认真分析了对方的将领，从杰克逊起几乎人人都有显而易见的缺点，不过，与此同时，他们也都具有自己的特长。比如，南军统帅李将军非常善用其手下将领，因此能够顺利地打败林肯任命的看上去毫无缺点同时也不具备什么特长的北军将领。

发现这个特点之后，林肯毅然任命了酒鬼格兰特为北军司令。委任状发出后，舆论大哗，不管是政府官员还是普通民众都表示反对。很多人哀叹，北军即将完蛋了，因为“昏君”任命了“酒鬼”担任统帅。甚至还有人直接找到林肯，大肆批评格兰特好酒贪杯，根本不能担当此大任。林肯笑着说：“假如我知道他喜欢喝什么酒，那么我一定会送他几捅酒，让他喝个痛快。”历史证明，林肯任用格兰特的决定是完全正确的，这一任命成了美国南北战争的转折点。自从格兰特担任美国总统之后，更是彻底扭转了南北战争的局面。

宽心策略

齐桓公之所以能够成为历史上的明君，主要是因为他拥有很多天下优秀的人才，而他之所以能够拥有那些优秀的人才，主要是因为他能够容忍那些优秀人才身上的小瑕疵，依然坚定不移地信任他们，重用他们。这一点，在林肯身上同样得到了证实。那些看似完美的统帅险失华盛顿，而看上去嗜酒如命的格兰特却彻底扭转了美国南北战争的局面。作为普通人，我们必须深刻反省这一点。只有容纳别人的小瑕疵，我们才能够发现别人身上的闪光点，或者向其学习，或者使其为己所用。

多些理解，别在艰难的生活中互相为难

早在远古时期，我们的祖先就在残酷的自然环境中艰难地求生。他们吃生冷的食物，住在临时搭建的山洞之中，食不果腹，衣不蔽体，就这样，一步步地艰难地走到了现在，成为了如今的人类。毫无疑问，在物质生活方面，我们已经比祖先先进很多了，而且，随着医学技术的发达，人类也已经战胜了很多疾病，寿命更是比远古时代延长了很多。然而，随着社会的发展，人们的生存压力也越来越大。和远古时代的靠天吃饭不同的是，现代的人们要想生活得更好，就要更加用心地去与别人展开激烈的竞争，毕竟，社会的资源是有限的。所以，尽管物质生活极大地丰富了，但是，生存却变得越来越艰难了。

看看如今的孩子，刚刚出生几个月，就被家长带着去参加各种各样的亲子班；刚刚学会走路，就开始去上幼儿园；甚至还没有进入小学呢，就参加了各种各样的培训班。是什么使得家长越来越望子成龙、望女成凤？是巨大的生活压力。在承担着巨大的生活压力的同时，为了使孩子将来能够生活得更好，这些家长在孩子很小的时候就开始带着孩子一路狂奔。长大之后，即使是大学毕业了，假如并非是好专业，并非出自名校，也很难在一时之间找到合适的工作，因为就业的压力也很大。面对如此严酷的生存现状，我们应该怎么做？是更加急不可耐地投入到竞争之中，不那么友好地面对身边的人，还是更好地面对生活，和睦地与人相处，相互帮助，彼此扶持？如果这是一道选择题，大家可能都会毫不犹豫地选择后一个选项，毕竟，生活原本就已经很艰难了，每个人都在艰难地为了生存而努力奋斗，又何须再自寻烦恼，相互为难呢？实际上，在现实生活中，恰恰有很多人喜欢彼此为难，使原本就艰难的生活变得更加艰难。有的人因为走路的时候被过往的车子溅了一身水而破口大骂；有的人因为工作中的矛盾与同事发生口角乃至大打出手；甚至在坐公共汽车出行的时候因为让不让座的问题，人们也是非常焦躁地动起手来。不得不说，人心太浮躁了，人们之间在彼此为难，使生活雪上加霜。其实，车子溅了你一身水很有可能是不小心，没有看到泥水坑；工作中的事情可以据理力争，但是却最好不要上升到人身攻击的程度，大打出手更是没有必要；让座是人情，我们可以对让座的人心怀感激，但是却最好不要因为别人不让座而指责谩骂甚至是殴打别人。

陈凯歌导演的《搜索》正在热映，影片主要讲述了一位都市白领乘坐公交车的时候，因为没给一位大爷让座，而遭乘客轮番攻击，被拍下视频传上网后，网友们纷纷人肉搜索进行辱骂。

在杭州K192公交车上，也上演了同样一幕场景。下午1点多的时候，在一辆从武林小广场开往农副产品物流中心的K192公交车上，一个小伙子，鼻子上架着红框眼镜，看上去身材非常瘦小，坐在车厢中部的“照顾专座”上，正对着下车门的位置。

在登云路口站，一对年轻夫妻上车了，丈夫上身穿着又大又长的绿色T恤，中等身材，看上去非常魁梧、强壮。妻子扎了个高高的马尾辫，怀中抱着一个孩子，看上去只有几个月大。当时，车厢里的人很多，夫妻俩挤到车厢中部的位置，恰好对着小伙子站着。

此时，车上的广播开始喊道：“请给有需要的乘客让个座，谢谢大家！”小伙子没有任何反应，因此，广播再次响起，连续播了4遍。

小伙抬头看了看夫妻，还是一声不吭地低下头。此时，一个女乘客好心地提醒司机：“后面站着抱小孩的乘客，再播放一遍广播给有座的乘客提个醒吧，万一紧急刹车，很容易出事。”司机扭过头来对乘客们喊了句：“大家都照顾下，让个座给有需要的乘客啊！”此时，小伙子再次抬起头，看了夫妻一眼，紧接着又迅速躲闪转头。

到了和睦新村站的时候，后排有人下车了，这时，抱着孩子的妻子寻到空位，抱着孩子坐了下来。不过，丈夫仍然站在原地，怒火中烧地盯着小伙子。

当小伙子再次抬头的时候，与丈夫的目光对接上了。就在这一瞬间，丈夫突然爆发了：“你看什么看，车上坐着还看，看笑话吗？！”一边说，他一边抡起手朝小伙子的脸颊狠狠地扇过去，一左一右“啪啪啪……”还没来得及做出任何反应，小伙子就连吃5记耳光。小伙子的眼镜突然之间就飞了出去，鼻血也“唰”地流了出来。

据当时坐在后面的乘客刘先生回忆说：“这个巴掌扇得是当真响，光听声音我就无法忍受了，车厢里突然安静下来，大家都默默无声地看了过来，没有人加以阻止。”

“那个抱着孩子的妻子也特别凶，坐在后面的位子上，还帮腔恶狠狠地骂那个小伙子：‘你是不是你妈养的？让座都不知道吗？！’”两站路后，这对夫妻就下车了。

小伙被打后，呆呆地坐在位子上，一声不吭，鼻血不停地往外流。

后来，一位头发花白的老奶奶慢慢地走到小伙子面前，从布袋里掏出几张方巾纸递给小伙子，说：“小伙子，擦擦。出了很多血，上医院检查检查吧。”终于，小伙子轻声说了句：“没事，不要紧。”

此时，边上的乘客也帮忙拾起了已经断成几截的眼镜。

小伙子把老奶奶给的方巾纸团拢，塞到鼻孔里堵住，很快，几张方巾纸被血浸透了。

到了终点站之后，小伙子才下车，天下着大雨，他没有伞，淋着雨就走了。

这简直就是《搜索》情节在生活中的真实上演，不知道这个小伙子的内心深处是否也隐藏着像高圆圆在《搜索》中饰演的叶蓝秋那样的心事。如今，关于让座的事情在大城市已然成了一个热门话题。然而，究竟该不该让座，却是一个道德上的问题。对于让座的人，我们应该心怀感激，说一声感谢。但是，对于不让座的人，我们也应该感到由衷的理解，毕竟，每个人都有自己的特殊情况。很多时候，我们可以看出一个人是孩子还是老人，是孕妇还是残疾人，但是我们却很难判断一个人是否身体不舒服。所以，当对方坐在座位上不愿意动弹的时候，我们应该既尊重自己，也尊重别人。此外，还有一个情况就是，如今，在大城市中，朝九晚五的上班族其实是很累的，他们大部分都住在远离城区的郊区地带，因此，在压力很大的工作并且来回的奔波之中，他们也许确实需要坐在座位上好好地休息一番。鉴于这种情况，我们也应该表示谅解。

宽心策略

总而言之，遇到困难时，接受了别人的帮助我们要表示感谢，但是假如别人因为特殊原因无法帮助我们，我们也是没有权利横加指责，甚至是大打出手的。要知道，生活原本已经非常艰难了，人与人之间应该多一些体谅和理解，不要再为难彼此。

百炼成金，为难你的人或许正在成就你

每一个人都无一例外地想要听到别人赞美自己的话，然而，赞美虽然听起来好听，却有一个致命的缺点，即总是使听的人感到飘飘然，不知所以。实际上，这种赞美是可怕的，因为它会在不知不觉之中使你自我感觉良好，因而不思进取，逐渐退步。从某种意义上来说，能够促使你进步的不是赞美你的人，而是为难你的人。人们常爱说这样一句话，嫌货才是买货人。实际上，在现实生活和工作中，促使你进步的恰恰是你的敌人，或者是对你要求严格的人。众所周知，严师出高徒。虽然现代社会的教育提倡多鼓励学生，然而，适当的严格要求还是必须的。假如一味地表扬学生，而不及时给学生指出其缺点和不足，那么，时间长了，就会使学生沾沾自喜，得意忘形，甚至因此而逐渐退步。与此相反，不管是在现实生活中，还是在来源于生活而高于生活的艺术作

品中，大多数成功者都有一个严格要求他的人，或者是父母，或者是老师。百炼才能成金，这是亘古不变的真理！

人们经常说“良药苦口利于病，忠言逆耳利于行”。大多数好药都是非常苦的，然而，却有利于治病；绝大多数教人从善的语言都是不那么顺耳和动听的，然而，却有利于人们改正自身的缺点，弥补自己的不足之处。对于任何人而言，要想取得长足的进步，最重要的就是要虚心接受别人的批评，从而不断地提升自我。对于一个人而言，有了过错并不可怕，重要的是要能及时改正，相比之下，讳疾忌医，不肯接受别人的批评，则会使小错最终酿成大错，甚至病入膏肓。尽管道理人人都懂，但是在实际的生活和工作中，还是有很多人没有办法接受别人的批评和指正，或者觉得丢面子，或者觉得自己是正确的。不管出于什么原因，一个不愿意倾听别人意见的人是很难取得进步的。其实，不管对谁来说，能够得到智者的批评都是一件值得庆幸的事情。要知道，没有人喜欢批评别人，因为批评一个人是需要很大的勇气，冒很大的风险的。谁都知道“多栽花，少栽刺”的道理。通常情况下，人们都愿意听好话，而对批评意见心存抵触，甚至有些人会错误地对待批评的意见，甚至把提批评意见的人当成自己不共戴天的仇人。因此，智者往往只对值得批评的人提出批评意见，而对于不值得批评的人，一定会三缄其口，宁愿保持沉默。总而言之，我们一定要记住，用赞美使你昏昏然的人未必是你的真朋友，只有为难你的人、勇于指出你的缺点和不足的人，才是你真正的朋友。

一次，唐太宗对长孙无忌说：“每次当魏征向我进谏的时候，假如我没有及时地接受他的意见，他总是不愿意善罢甘休，不知道这是为什么？”长孙无忌还没有回答，魏征就对唐太宗说：“我之所以进谏，正是因为觉得陛下做事不对。假如陛下不愿意听从我的劝告，而我又马上就对陛下的意见表示顺从，依照陛下的旨意行事，那岂不是违背了我进谏的初衷？”太宗说：“其实，你完全可以采取曲折的方式，当时应承我一下，保全我的颜面，等到退朝之后，再单独向我进谏，难道不可以吗？”对此，魏征解释道：“从前，舜告诫群臣，千万不要当面顺从我，而在背后又另讲一套，这是阳奉阴违的奸佞行为，而非臣下忠君的表现。对于您的看法，为臣实在不敢苟同。”虽然太宗觉得有的时候很丢面子，但是他还是非常赞赏魏征的意见。

在国家大政方针上，特别是在大乱之后拨乱反正，魏征主张宜急不宜缓，宜快不宜慢。唐太宗即位的时候百废待兴。一天，他问魏征：“要想治理好国家，即使是贤明的君主，也需要百年的时间吧？”魏征对此有不同的意见，说：“圣明的人治理国家，宛如声音马上就有回音似的，只要一年就能够见到效果，倘若二年见效，那么未免太迟了，如何要等百年才能治理好呢？”

魏征主张取信于民，不能朝令夕改。唐朝原定男子必须到了18岁之后才能参加征兵服役。一次，为了大量征兵巩固边境，唐太宗要求只要是达到16岁以上的男子统统都要应征，魏征坚决表示不同意。他说：“涸泽而渔，焚林而猎，和杀鸡取卵毫无区别。兵不在多而在精，根本没有必要为了充数而把年龄不到18岁的男子也征召入伍。而且，这也是失信于民的表现。”唐太宗问自己是否做过失信于民的事，魏征举了三个例子来说明。尽管太宗认为魏征的言辞非常尖刻，但是心里其实是非常高兴的，他相信魏征是在以精诚之心辅佐自己以信义治国。

在个人享乐方面，魏征更是经常犯颜直谏，以便使唐太宗能够时时反省自身。有一次，唐太宗想去南山打猎，虽然已经准备好了车马，但是最终还是没有去。当魏征问他为什么没有出去的时候，太宗坦白地说：“刚开始的时候，我的确非常想去打猎，但是一想到你也许会责备我，我就不敢去了。”

除此之外，魏征也非常注意唐太宗的品德修养。他直言不讳地告诉太宗：“居人上者，其身正，不令而行；其身不正，虽令不从。”他还告诉太宗一句荀子的话：君主似舟，人民似水，水能载舟，亦能覆舟。因为这句话，唐太宗时时反观自身，成了一代明君。

正是因为有了魏征的直言进谏，唐太宗才能成为一代明君。虽然现在社会已经没有皇帝了，我们大多数人都是普通人，但是，每个人都想成为最好的自己的急迫心情是完全相同的。要想不断进步，我们就要虚怀若谷，谦虚地接受别人的不同意见，努力完善和提高自身。

宽心策略

记住，只有为你好的人才会直言不讳地为你指出缺点和不足，从而迫使你不断进步。因此，为难你的人才是成就你的人，在听到逆耳忠言的时候我们要表示感谢。

吹毛求疵的人不受欢迎，学着欣赏别人

现代社会，人们的心态越来越浮躁，不知道从何时起，人与人之间多了一份轻视与嘲讽，少了一份赞称与敬仰。又不知从何时起，世界上莫名其妙地多了很多以“我”字为开头的“至理名言”。其中，很多名言都被人们认为是自信的表现，诸如“我是最棒的！”“我一定能够成功！”等。事实并非如此。假如一味地欣赏自己，盲目地相信自己，从来不能以低姿态去欣赏别人，那么，这种自信就会变成自负，变成骄傲自大、目中无人。须知，人外有人，天外有天，即使是我们共同生存的这个硕大的地球，在浩瀚的宇宙中，也只是一颗小星星而已，或者，也可以说是宇宙中的一粒尘埃，假如能够这么想，你还有必要把自己看得那么高，那么重吗？！

很多时候，在我们对别人挑三拣四的时候，其实不如学会欣赏别人，学会真心地赞美别人。这样一来，你就会发现，你所给予对方的真诚的友善会被对方加倍地回馈给你。比如，一个人在说话的时候，你总是劈头盖脸地说“你说的是错误的，应该……”或者是“我认为我说的是正确的，事实就是……”想必，假如互换一下角色，你也不愿意听到别人在你面前这么说话。

因此，与其否定别人，不如肯定别人，比如，“我觉得你说得特别对，尤其是……更是非常正确的。你是如何想到这一点的，我太佩服你了！”当然，这里所说的肯定并不是出于阿谀奉承的肯定，而是希望你能够真正地发现对方的闪光点，予以肯定。这种肯定，是发自内心的，而不是为了表面上的敷衍。久而久之，你就会形成一种习惯，在看别人的时候首先看到他的优点，这样一来，你必然更加欣赏对方，从而为自己良好的人际关系奠定基础。与此相反，假如你总是一味地吹毛求疵挑剔和指责别人，那么你终将成为不受欢迎的人。

张明和李霞已经结婚一年多了，对于大多数新婚夫妇而言，这结婚的第一年应该是非常甜蜜幸福的美好时光。但是，张明却不止一次地想要离婚，而且整日唉声叹气，显得不堪重负。

原来，李霞是一个心思非常细腻的人，她总是对张明吹毛求疵，搞得张明不堪其扰。例如，张明有点儿邋遢，其实，大多数男人可能都不像女人那么爱干净，因此，李霞就整日叨唠张明，一副非得把张明变成“洁癖男”的样子。实际上，张明虽然邋遢，但是还是很愿意帮助李霞做家务的，不管什么时候，只要李霞给他安排了家务活儿，他二话不说地努力完成。张明有点儿不够阳刚，不过，他却没有大男子主义，不管什么事情都和李霞商量。但是李霞却总是指责张明没有男子汉气概，与此同时，李霞又很希望张明能够对他言听计从。就这样，结婚第一年很快就过去了，他们之间丝毫没有甜蜜感，只有三天一小吵五天一大吵的喧闹。因为李霞的唠叨和苛求，张明无比怀念结婚之前一个人自由自在、无拘无束的生活，甚至想要和李霞离婚。

与此同时，和张明同一年结婚的范新强却生活得无比幸福，对婚姻生活充满了美好的憧憬。张明百思不得其解，同样都是生活，为什么差别就这么大呢？为此，张明几次去范新强家中吃饭、聊天，想要发掘他们夫妻和睦相处的秘诀。原来，范新强的媳妇宋萌是一个非常好的女人。至少是当着张明的面，宋萌简直就是贤妻良母。不管张明和范新强喝茶聊天到多晚，宋萌都毫无怨言，而且，总是在一边茶水伺候着。这使张明无限羡慕范新强，而范新强则是一副无比享受的样子。在言谈举止之间，张明意识到范新强在宋萌眼中简直就是一个完美无瑕的人。她张口闭口都在夸自己的老公，似乎自己找到了一个天底下最好的老公。张明问宋萌："范新强夜里睡觉总是磨牙，影响你吗？"宋萌开心地一笑，说："哈哈，刚开始的时候确实很不习惯，但是现在假如没有磨牙的声音，我还睡不着了呢！"张明知道范新强有的时候爱抽烟，不过，宋萌却对此不以为然，说："男人嘛，多多少少都有点儿小嗜好。不过，抽烟对身体不好，所以我给他买了戒烟糖，这样能够少抽一些。"张明偷偷对范新强说："你这些臭毛病假如从我老婆嘴巴里说出来，那简直是不能忍受的！但是，我觉得你老婆好像对此不以为然。她真的从来没有说过你吗？"范新强非常骄傲地告诉张明："从来没有！不过，奇怪的是，我这些臭毛病已经改得差不多了！假如你老婆也是这么天天地表扬你，即使是缺点，也从中给你发掘出一些优点来，那么你也不会好意思不改的！"

宽心策略

原来，婚姻相处的秘诀是欣赏对方，即使是对方的缺点。只有这样，对方才会心甘情愿地改变自己，就像范新强和宋萌一样。与此相反，假如一方总是唠叨对方的缺点，那么就很容易使对方感到厌烦，甚至产生逆反心理，就像张明和李霞的婚姻生活一样。实际上，不仅仅是在婚姻生活中，即使是在普通的人际交往的过程中，也应该尽量多多欣赏对方的优点，而不要总是挑剔对方。只有做到这一点，人际关系才会变得更加和谐融洽。

第10章

宽心是一种忘却：悠然生活不被烦恼所困

在生活当中，假如你想得到更多的快乐，那么你首先要学会忘却。要知道，人生就是一次漫长的旅途，假如背负着沉重的负担，你就无法全心全意地欣赏沿途的风景，只有轻装上阵，你才能够悠然自得地享受美好的人生。

没有十全十美，不完美的人生才真实

在生活中，几乎每个人的心中都隐藏着一个关于完美的梦。在这个梦里，每个少男都幻想着自己英俊潇洒，风流倜傥，每个少女都幻想着自己无比美丽，倾国倾城。然而，在现实情况中，有几个是英俊潇洒、倾国倾城的？大多数人都不完美，这是我们必须接受的事实。一个女人也许很漂亮，但是未必有足够的智慧；一个男人也许够潇洒，但是却有勇无谋；有的人也许才智超群，但是却貌不出众；有些人也许高风亮节，但是却语不惊人。总而言之，上帝是公平的，他在赐予你独特之处的同时，也会使你有所欠缺。尽管有很多人无法接受这种不完美，但是，这种不完美也许恰恰就是真实的完美。所以，不管是谁，都应该坦然面对自己或者是别人的不完美，敞开胸怀接纳这种不完美，这样才能更加真实地存在，更加坦然地生活。

世界上真的有完美存在吗？答案是否定的。所有的完美都是相对的，正如因为有了黑，所以才有了白；因为有了丑，所以才有了美。正是因为有那些不完美，所以才有了人们对于完美不懈的追求，就像一个永远无法企及的梦。既然无法改变，我们就应该坦然接受。只有学会接受不完美，我们的生活才能更加真实，更加坦然，更加淡定。

我曾经读过一个故事：有个叫伊凡的青年，非常用心地读了契诃夫“要是已经活过来的那段人生仅仅是个草稿，有一次誊写的机会，该有多好”这段话，心领神会，因此，他打了份报告递给上帝，请求在他的身上进行一项试验，允许他誊写一次人生。上帝沉默良久，看在伊凡的执著和契诃夫的名望的份儿上，决定让伊凡在寻找伴侣的事情上有改正的机会。到了适婚年龄的时候，伊凡遇到了一位非常漂亮的姑娘，让人高兴的是，这个姑娘也特别倾心于他。伊凡觉得这个女孩就是他理想中的伴侣，因此不久就与之结婚了。很快，伊凡就发现了姑娘的一个缺点，即她尽管很漂亮，但是却不怎么会说话，而且办起事来也笨手笨脚，两人根本无法进行心灵的沟通。因此，他把这段婚姻作为草稿从人生中抹掉了。

伊凡第二次的婚姻对象，不仅漂亮，而且绝顶聪明能干。但是，共同生活了没多长时间，伊凡就发现这个女人有一个致命的缺点，即个性极强，脾气很坏。因此，能干成了她捉弄伊凡的手段，聪明成了她讽刺伊凡的本钱。在一起生活期间，他不是她的丈夫，更像是她的牛马、她的器具。伊凡再也无法忍受这种非人的折磨，因此，他祈求上帝，既然人生允许有草稿，那么请准三稿。上帝笑了，允了伊凡。

伊凡第三次成婚的时候，他的妻子不仅具备上述的所有优点，而且脾气特别好。婚后，两人甜甜蜜蜜，恩爱有加。然而，在短短的几个月时间之后，娇妻就因为身患重病而失去了曾经如花的美貌，整日躺在床上，智慧也无处施展，只剩下唯唯诺诺的好脾气了。

尽管这个故事是虚构的，但是却有很深刻的现实意义。在生活中，很多人就像伊凡，对自己所拥有的总是感到无法满足，总想得到一次修改和誊写的机会。可以修改的人，纷纷尝试着去修改，但是最终还是免不掉次次都遗憾；没有能力或没办法修改的人，则整天为此闷闷不乐、垂头丧气，似乎人生失去了意义。

宽心策略

在生活中，每个人都应该让自己拥有如此的心胸和气度，这样才能坦然地面对生活，接受人生的不完美。

只要想得到快乐，你就不会被烦恼困扰

在生活中，有的人每天都高高兴兴的，似乎生活中没有任何阴霾会遮挡太阳；有的人却整天愁眉苦脸的，似乎生活就是一种痛苦的折磨，没有任何能够使人开心的事情。实际上，古人的一句话道出了人生的真谛，即世上本无事，庸人自扰之。这句话告诉人们，很多时候，烦恼都是自找的。毫无疑问，这个世界上没有一帆风顺的人生，每个人的一生都会遭遇坎坷和挫折。换言之，快乐的人之所以快乐，是因为他们发自内心地想要得到快乐，而且能够及时地调整自己的情绪，使自己变得快乐起来。而烦恼的人呢？他们总是悲观失望，遇到挫折的时候很容易沮丧，所以，即使面对一件无关紧要的小事，他们也会无比烦恼，无限扩大原本只有芝麻粒大小的烦恼。如此一来，烦恼怎么会不如影随形呢？由此可见，要想得到快乐，要想让快乐陪伴我们的人生，我们首先应该发自内心地想要寻找快乐，想要得到快乐。很多时候，心态决定人生，因此，我们首先要使自己变得乐观起来，坦然面对人生的风风雨雨，使自己的内心变得无比强大。

从某种意义上来说，人的需求是很少的，无外乎最基本的生理需求必须得到客观物质的满足，例如吃饱穿暖。此外，就是精神上的需求了。一般情况

下，精神上的需求不依赖于物质去满足，而是取决于人们的内心。假如你的欲望很少，很容易得到满足，那么你就会觉得很快乐；反之，假如你欲壑难填，总是这山望着那山高，那么，你就永远无法得到满足，永远也不会感到快乐。生活的本质就是“饥来吃饭，困来即眠”。只有保持一颗容易满足的心，你才能够做到知足常乐，随着欲望的减少，你对生活的要求也会逐渐降低，自然，你也就会更加容易满足。

唐代陆象先曾经在益州任都督府长史兼剑南道按察史，后来，他又到蒲州担任刺史。他处理政事的时候反对严刑峻法，提倡仁恕。有一次，他管辖区域内的一个小官吏犯了很严重的罪，不过，陆象先只是象征性地责备了他几句，点到为止。见此情形，小官吏的上司说：“像这样的罪犯理应受到杖刑。”陆象先不以为然地说：“人情是相差无几的，虽然我只是简简单单地说了几句话，但是我相信他已经了解我的意思了。假如要用杖刑，实际上应该从你开始，因为你也曾经犯了很多严重的错误。”在日常生活中，陆象先经常告诉别人：“天下本来没有那么多的事，只是庸人自寻烦恼而已，这样一来，就导致事情变得越来越复杂。处理问题的时候，只要坚持一个原则，即弄清是非，正本清源，事情自然就会变得简单了。”

眼看着春节就要到了，老汪领到了年终奖金，足足一万元。老汪特别高兴，赶紧给老婆打电话说：“晚上别做饭了，下班之后咱们一起去你喜欢的那家西餐厅打打牙祭吧！”老婆赶紧问老汪有什么高兴的事情，老汪乐不颠儿地说：“我今年拿了一万元奖金呢！”老婆一声惊呼，赶紧去捯饬自己，等着老汪下班一起去吃西餐了。但是，到了快下班的时候，老汪却突然又打电话给他的老婆说：“我想了想，要不晚上还是在家吃吧，我去买点儿熟食。”老婆不解，闷闷不乐地在家等着老汪。到家以后，老婆非常小心地看着老汪，似乎想要探究什么。几杯酒下肚，老汪和下午领年终奖的时候简直判若两人。老婆经过仔细询问才知道，原来，老汪拿到年终奖之后非常高兴，因为去年的年终奖才两千块钱。他旁敲侧击地问了好几个其他同事的年终奖，其中有个人漫不经心地说："也就两万块钱，不够干什么的。老汪，你小子肯定没少拿！"听到这个同事的话之后，老汪突然之间就像被浇了盆凉水似的，来了个透心凉。他不理解，自己为公司作了这么大的贡献，年终奖为什么比别人少一半呢？就这样，老汪越想越沮丧，越想越觉得不公平，最终决定取消晚上和老婆一起吃西餐的计划，惹得老婆也满肚子不高兴。

其实，很多公司的薪水都是保密的，除了负责发工资的财会人员之外，每个人都不知道其他同事拿多少钱，年终奖也是如此。这主要是因为老板的心中有杆秤，他会根据自己的内心去权衡应该给每个员工多少工资。但是，老汪恰恰犯了这个禁忌，去打听其他同事的年终奖，不仅破坏了自己的好心情，而且不利于今后的工作。在第一个事例中，陆象先的做法无疑是值得我们借鉴的。他能够宽容待人，把复杂的问题简单化，只要达到目的就好。这样一来，生活也会变得更加简单一些。

宽心策略

实际上，我们每个人都应该尽量少给自己找烦恼，多给自己找快乐。要知道，假如快乐多了，烦恼就会少；相反，假如烦恼占据了你的整个心房，那么快乐自然就会无处容身。所以，我们必须腾空自己的心灵，让快乐永驻！

人生幸福那么多，何必为小事生气

人生，短则几十年，长不过百年。假如你因为一些小事情而生气烦恼，那么无异于缩短了自己享受幸福快乐的时间。如此想来，还有几个人舍得把自己宝贵的生命用于为一些不值一提的小事生气呢？道理虽然人人都知道，但是生活中还是有很多人做不到。公交车上，因为别人没有给自己让座，所以一路气到终点站；和同事相处的时候，因为同事无意之间说了一句伤害你自尊心的话，所以就和同事绝交，处处作对，整日生活在仇恨之中；因为爱人的某些方面没有达到你的要求，就喋喋不休地指责爱人，导致他不堪其扰，最终与你针尖对麦芒，大吵一通，生气三天，谁也不理谁；甚至开车走在路上的时候，因为后面有一辆车强行超车，你也骂骂咧咧一路，直到到了家还在气愤不已。

如此看来，这个世界上还有什么事情是不值得你生气的？假如你的一生注定要在气恼之中度过，那么还有什么意义呢？其实，别人给你让座是情分，不给你让座是公道，毕竟，也许对方身体不舒服，也许对方特别累；和同事之间的相处，有的时候，口角之争是难免的，一笑置之就可；爱人即使再怎么完美，也不可能百分之百地符合你的心意，因此，不要试图把爱人变成你理想中的那个人，更不要用唠叨、埋怨和指责来对待爱人；如今，大城市的交通越来越堵，你后面的车之所以强行超车，很可能确实是遇到了着急的事情。对于上述这种种情况，生气都于事无补，无法改变既成的事实，所以，对于你而言，最好的处理方法就是调整自己的心态，换一个角度看待问题，这样就能够豁然开朗。尤其是当你想到把人生大多数的光阴都用于和不值得的人生气的时候，你就更加不会轻易生气了。有人曾经说过，生气是拿别人的错误惩罚自己。这样想来，生气的人岂不是亏大发了？

要想使自己不生气，或者尽量少生气，首先要开阔自己的心胸，使自己能够以博大的胸怀接纳身边的人和事。其次，还要提高自己的修养，这样才能够更加从容淡定，凡事不去较真。不生气除了对自己的身体健康有益之外，还能够帮助你结交更多的朋友。都德曾经说过，好脾气是一个人在社交中所能穿着的最佳服饰。假如你拥有好脾气，那么你一定会拥有好人缘。总而言之，不管从哪个方面来说，都不要把短暂的人生、宝贵的光阴用于无谓的生气。

在辽阔的非洲大草原上，有一种吸血蝙蝠，这是一种不起眼的小动物，身体非常小，但是它却是桀骜不驯的野马的天敌。这种动物专门靠吸动物的血生存，在攻击野马的时候，它总是附在马的腿上，用锋利的牙齿非常敏捷地刺破野马的腿，然后再用尖尖的嘴从野马身上吸食血液。发现自己的腿上附着蝙蝠的时候，野马就会像发疯一般蹦跳、狂奔，却无济于事，根本无法驱赶掉这种讨厌的蝙蝠。纵使野马再怎么暴跳如雷，这种蝙蝠却仍然安之若素，还是从容不迫地吸附在野马的身上，直到吸饱血之后，才无比满足地安然离去。使人们更加吃惊的是，野马总是在狂奔、暴怒、流血中死去。其实，这么微小的蝙蝠吸食的血量根本不足以置野马于死地，那么，野马为什么会死去呢？动物学家们花费了很多的时间和精力来分析这一问题，最终发现，吸血的蝙蝠所吸的血量对于庞大的野马而言是微不足道的，根本不可能置野马于死地，而野马真正的死因是它本身暴怒的习性和狂奔所导致的。

一匹桀骜不驯的野马，居然就这么被一只小小的蝙蝠气死了，死于自己的怒气之中。认真想一想，对比现实生活，不难发现，有很多人都与看似强大的野马有着很多的相似之处。实际上，人有七情六欲，喜怒哀乐乃是人之常情，原本无可厚非。然而，假如不能够适当地控制自己的情绪，那么就很容易在盛怒之下做出傻事来，甚至自己也会因此而追悔莫及。在现实生活中，由一些不值一提的小事引发的矛盾屡见不鲜，其实，假如我们能够把心放宽一些，使自己拥有博大的胸怀，那么我们就不会总是因为一些微不足道的小事怒火中烧了。

宽心策略

英国著名作家迪斯雷利曾经说过：“为小事生气的人，生命是短暂的。”确实如此。人生是如此短暂而又宝贵，而人生同时也充满了各种各样的不如意，所以，我们必须调整自己的心态，享受更加美好、幸福的生活。总而言之，人生苦短，不要为一些小事而生气。

学会遗忘痛苦，才能拥有快乐

人的一生就像是一次旅行，有的人背着沉重的行囊，就像蜗牛背负着沉重的壳一样，无法走得更快。但是，有的人却步履轻盈，一边走一边欣赏沿途的风景，生活得无比惬意。为什么会有这样的区别呢？是因为它们所背负的东西不同。前者背负了太多沉重的往事，而后者呢，则随身只带着必不可少的物品，然后一路向前看去。如此一来，差异立显。其实，对于那些使人高兴的事情，背负着也无妨，因为它们非但没有重量，反而能够使我们在想起来的时候感到无比的轻松和惬意。但是，对于那些使人感到万分沉重和痛苦的往事，则没有必要始终牢记不忘。要知道，假如你始终牢牢地记着那些使人不开心的事情，快乐就无法进驻你的心房，而且痛苦还会蒙蔽你的眼睛，使你无法发现前面旅途中的美丽景色。

人生不是一帆风顺的，我们始终无法避开那些不令人愉快的人和事，而那些人和事，又总是无时无刻地牵引着人们纯洁的心灵。每当回忆起那些使人痛苦的往事，人们就会泪眼迷蒙，情绪也会在瞬间崩溃。要知道，那曾经的苦痛和无心之间犯下的错误都是定时炸弹，你不知道它会在哪一个时刻被突然引发。所以，你必须学会遗忘，因为只有遗忘，才能减缓炸弹的引爆。自古以来，记忆与遗忘就是一对矛盾。究竟哪些人和事需要记住，让自己不至于忘本，而有些人和事必须学会遗忘，才能让自己活得更加轻松，在解决这个问题的过程中，人逐渐成长，渐渐成熟。毫无疑问，记忆是人类所必需的，它使我们阅历深厚，知识丰富。同样的道理，有意识地、有选择地遗忘也是必需的，它使我们能够轻装前行，步履轻捷。假如说人生是厚重的，那么记忆则是必不可少的手段；假如说人生注定是痛苦的，那么遗忘则是避免疼痛和伤害的唯一武器。只有学会遗忘，人们才能变得更加宽心和快乐，摆脱痛苦过往的纠缠。

沈晓和马力是一个胡同里长大的，随着情窦初开，他们自然地走到了一起，组建成了自己的家庭。当初，马力家里特别贫穷，但是沈晓还是毅然决然地选择嫁给了马力。结婚之后，因为两个人的文化程度都不高，所以他们开始了艰难的创业过程。为了生存，为了拥有更好的生活，他们几乎尝试了各种各样的方法。诸如卖光碟、开饭馆、摆地摊，等等。经过几年的奋力拼搏之后，他们的生活终于好转了，他们渐渐地有钱了。此时，马力的心态发生了变化，居然被一个朋友忽悠得要去拍电视剧。

沈晓费尽口舌也无法阻止马力，只好随他去了。然而，马力在投资拍电视剧的时候却出了问题。他和一个演员发生了不明不白的关系，最终决定和沈晓离婚。在马力离开家的那一天，沈晓一把鼻涕一把泪地让马力顾及他们的夫妻情分，不要轻易地提出离婚，但是马力还是义无反顾地走了。在最初的那段时间里，沈晓几乎每天都以泪洗面，她无论如何也想不明白，自己和马力辛辛苦苦地才从苦日子中挣脱出来，怎么一下子家就散了呢？沈晓甚至想到了自杀，但是看着陪伴自己一起哭泣的老母亲，她又犹豫了。

经过几年的时间，沈晓最终忘记了马力，她也忘记了自己那段不堪回首的过去，开始了自己新的生活。

不久之后，沈晓认识了一个非常优秀的男人，他们在一起相处得很愉快，而且不久就组建了新的家庭。

在这个事例中，假如沈晓始终无法忘记马力，那么她的一生都会被怨恨纠缠，无法开始自己新的生活。

宽心策略

其实，在这个世界上，地球离了谁都照样转。我们应该珍惜值得我们珍惜的人，而对于那些不珍惜彼此感情的负心汉，哭泣和怨恨都是无济于事的。对于遭到抛弃的女人而言，一味地沉浸在往日的痛苦之中反而更深地伤害了自己，只有学会遗忘，才能放宽心，开始自己崭新的人生。

扼杀焦虑，别让坏情绪愈演愈烈

现代社会，随着生活节奏的加快，患抑郁症的人越来越多，患焦虑症的人也为数不少。那么，何谓焦虑呢？具体地说，焦虑指的是一种无根据的恐惧或者是缺乏明显客观原因的内心不安，是人们遇到某些事情如困难、危险或者挑战的时候出现的一种正常的情绪反应。一般情况下，焦虑与精神打击以及即将来临的、可能造成的危险或者是威胁相联系，主观表现出感到不愉快、紧张甚至痛苦以至于难以自制，严重的时候，还会伴有植物性神经系统功能的失调或者变化。从焦虑的定义中我们不难发现，焦虑主要是一种心理上的焦灼状态，严重的时候会难以自制。了解了焦虑的这个特点，我们就应该在焦虑刚刚发生的时候及时主动地治疗，只有这样，才能把焦虑扼杀在萌芽状态。如若不然，焦虑就会像滚雪球一样越滚越大，导致最终难以抑制。

假如不及时调整和治疗自己的焦虑状态，任由焦虑自然发展，那么焦虑最终引发的后果将是非常严重的。例如，长期焦虑会引发失眠，焦虑还会影响青少年的身高，会增加罹患癌症的风险，还会增加死亡率。总而言之，焦虑有百害而无一利，必须引起我们足够的重视。最为重要的是，假如不及时调整焦虑的情绪，越是在后期，焦虑就会像滚雪球一样越滚越大，最终导致无法控制。要想及时有效地控制焦虑的情绪，首先要进行自我疏导。在此过程中，转移注意力无疑是一个很好的方法，这样一来，焦虑情绪就会被新产生的积极的情绪所替代。此外，还应该多吃一些谷类食物和水果，以便能够补充维生素和钾元素，辅助驱散焦虑情绪。第三点，也就是最重要的一点，因为大多数人的焦虑都是因为空虚引起的，所以，要想控制焦虑，就要充实自己。只要心灵充实了，就会觉得人生有意义，自然也就不会焦虑了。

丽娜最近总是觉得心慌气短，而且还经常有一种抓狂的感觉，她通过咨询医生得知自己得了焦虑症。

其实，丽娜的家庭生活还是比较幸福的，工作也很稳定，是一所中学的教师。她为什么会焦虑呢？经过仔细的询问，医生了解了丽娜的病因所在。原来，丽娜如今已经在那所中学教书12年了。从大学毕业开始，她就始终在这个学校担任语文教师。而不久前的一次大学同学聚会之后，她开始失眠。原本，她觉得自己的生活还是很幸福的，有一个爱自己的老公和一个可爱的儿子。虽然工资不高，但是在那个小县城里还是生活得很滋润的。但是，自从参加同学聚会之后，丽娜心中的平衡和满足感被彻底打破了。看着同学们有的身居高位，有的在北京、上海等大城市生活得风生水起，再看看自己，她觉得自己简直就是个“土老帽”。这12年小富即安的生活，使丽娜与同学们之间拉开了很大的差距，简直有了天壤之别。

回家之后，她万分沮丧，看老公也不顺眼了，看工作也不顺眼了。她一心一意地幻想着自己当初大学毕业的时候假如去了大城市打拼，如今会不会和那些同学一样风光。老公总是安慰丽娜，大城市的生活未必像表面看上去的那么轻松惬意和光鲜，但是丽娜却说老公是吃不到葡萄说葡萄酸。得知问题的症结所在之后，丽娜的老公决定带丽娜去大城市走一圈。他们决定利用暑假时间去北京亲身感受一个月大城市的生活。来到北京之后，丽娜的生活彻底乱了套。她已经习惯了在老家的生活，看着地铁里摩肩接踵的人群，丽娜突然觉得自己变成了一只蚂蚁。看着同学每天6点起床经过两个小时才到单位、每天18点下班经过两个小时才能到家的生活，丽娜真心地觉得自己在小县城的生活其实还是很幸福的。

一个月的感受之后，丽娜回到了家乡的小县城，回到了自己工作和生活的地方。此时，她已经知道自己并不适应大城市的生活了，而且意识到自己更喜欢现在悠闲自得的生活。她的焦虑和失眠竟然不翼而飞了。

显而易见，丽娜的焦虑主要是因为内心的不满足，觉得自己的生活比起同学们的生活显得过于苍白。然而，每种生活都有每种生活的好处和坏处，为了彻底打破丽娜的焦虑，她的老公做出了一个非常明智的决定，即去大城市生活一个月，彻底打破丽娜心中对于大城市生活的不切实际的幻想。事实证明，这个方法起到了很好的效果。

在生活中，每个人都有自己的生活，既不可能所有人都挤在大城市中，也不可能所有人都憋在小县城里。最重要的是，你喜欢自己现在的生活，而且这种生活也是适合你的。所以，在生活中，我们应该及时地体察自己的情绪，把自己从焦虑的状态中解脱出来，享受美好的未来！

合理安排工作节奏，事情是做不完的

大多数职场人士都曾经有过这种体验，案头工作堆积如山，恨不得每天都像一个陀螺一样24小时不停地旋转，恨不得像孙悟空那样生出三头六臂来，把所有的工作一扫而空。假如你没有职场经验也无妨，你只要看看现代关于职场的电影电视就可以了，那种忙碌的状态已经屡见不鲜了。然而，你也会悲哀地发现，即使你每天都工作到凌晨，即使你无限度地挑战自己的极限，提高自己的工作效率，你的工作还是堆积如山，似乎永远不会减少。这是为什么呢？其实原因很简单，因为事情是永远也做不完的。

究其原因，职场上并没有绝对的公平，人们的工作任务也不可能像分蛋糕那样分得那么均匀，毕竟，每个人的能力有高有低，每个人的精力也是不同的。而在此过程中，老板的职责是什么呢？就是发现每个人的潜能，量体裁衣，假如你精力无限，总是能够在规定的时间之内完成老板交代的工作，那么，下次的时候，老板一定会牢牢地记住能者多劳的法则，给你分配更多的任务。假如你总是习惯于慢工出细活，那么老板也会适当地减少你的工作量，而给你更多需要细心和耐心才能完成的工作任务。认识到这个残酷的事实之后，你还会如职场新人那样不要命地拼搏，主动加班加点吗？明智的回答当然是不！要知道，对于老板而言，在市场经济的今天，一定要最大限度地利用那些人和资源。

所以，他们唯一的工作就是让自己的每一个职员的案头都有堆积如山的工作！既然如此，你还忙什么呢？你应该调整好自己的工作节奏，做到劳逸结合，张弛有度。不管在什么情况下，我们都应该牢牢地记住一个原则，工作是别人的，身体是自己的。很多时候，只有我们自己知道自己的身体状态，所以，我们不能一味地工作，而要适当地调整工作的节奏，照顾好自己的身体。

尤其是在私营企业中，事情是永远都做不完的，所以，你千万不要让自己像一个陀螺一样24小时地旋转不停，手脚不停。当然，并非所有的老板都像资本家那样恨不得榨干自己员工的每一滴血。实际上，有很多老板并不愿意员工只知道工作，而不懂得生活，因为不懂得生活的人是无法长久地合理地安排工作的。因此，不管是从老板的角度考虑，还是出于对自己健康状态的考虑，你都应该合理地安排自己的工作，找到一个适合自己的工作节奏，圆满地完成自己的工作任务。很多时候，有智慧的人能够使自己的劳动更见成效，比一味蛮干的效果好得多。

林峰和艾琳已经恋爱六年了。早在大学二年级的时候，他们就已经确立了恋爱关系。大学毕业之后，艾琳很想尽早成家，但是林峰却始终觉得条件不成熟。其实，林峰的出发点是好的，他想在结婚之前拥有属于自己的房子和车子。然而，对于刚刚毕业且没有任何背景的大学生而言，实现这一点谈何容易。

一转眼之间，艾琳已经苦苦地等了林峰四年的时间。眼见着身边的小姐妹都已经结婚成家了，艾琳心里很着急，她不理解林峰为什么非要等到有房有车再结婚。每天，林峰早早地就出了门，晚上，直到月上树梢的时候，林峰才披星戴月地回来。甚至，有接连一个星期的时间，艾琳连林峰的面都见不到，因为他总是在艾琳睡着之后回家，又在艾琳起床之前出门。渐渐地，艾琳失去了耐心，随着年龄的增大，她越来越焦灼。在一次争吵中，艾琳冲动地提出了分手的要求，她绝望地冲着林峰喊道："我不想要房子，我不想要车子，我只想要一份像大学时代那么纯粹干净的爱情！我每天都见不到你的人，你自己想一想，我们有多久没有静下心来聊一聊了，我们有多长时间没有坐在一起吃一顿饭了？工作的意义是什么？假如你真的像你所说的那样是为了让我幸福才努力奋斗买房买车的，你怎么会不顾及我的感受呢？我可以把你想成是口是心非的吗？我们分手吧，这不是我想要的生活！"听到艾琳的言谈之间流露出绝望的意味，林峰迷惘了。他确实是为了给艾琳更好的生活条件才一直努力奋斗的，但是，长久以来，他似乎忽略了艾琳的需要。

经过长久的思考之后，林峰做出了一个非常艰难的决定，他决定放弃自己几年来的打拼，找一家相对出差比较少的单位，和艾琳结婚，一起享受生活。他意识到，一直以来，自己都在不停歇地努力奋斗着，然而却渐渐地忽略了艾琳的感受。虽然他们的婚礼是在出租房中举行的，但是艾琳的脸上却洋溢着幸福的微笑，因为，这就是她想要的生活！而林峰也突然发现，原来，放下所有的工作享受生活也是一件非常惬意的事情。而且，在他合理安排工作的同时，他也惊讶地发现，原来，工作和生活并不是相互冲突的！结婚三年之后，林峰不仅有了一个可爱的女儿和一个幸福的家庭，而且事业也风生水起！

宽心策略

事情是永远也做不完的，假如你一味地在人生的道路上奔波，那么你就会错过人生最美丽的风景。如果你把自己的工作安排好，在合理工作的同时享受生活，那么，你会惊讶地发现你在工作上也有了完全不同的、出人意料的收获！其实，生活和工作并不是对立的，而是相辅相成的，关键在于把握好工作和生活的平衡点。

第11章

宽心是一种感恩：懂得珍惜不去斤斤计较

很多时候，人们之所以宽容大度，是因为懂得珍惜。尤其是在面对自己的爱人、家人的时候，感恩使我们更加珍惜对方，自然也就不会斤斤计较。充满感恩的人生必然是充满爱的人生，只有感恩，才能使我们怀着欣喜的心情面对世间的一切。

远离斤斤计较，拥抱随遇而安

在生活中，很多人因为心胸狭隘、过于注重自己的利益而斤斤计较。实际上，斤斤计较非但不会使你得到更多，反而会事与愿违，导致你失去更多。很多时候，斤斤计较的人看似在小事上得到了很多利益，但是却给别人留下了恶劣的印象，导致别人不愿意与其进行更加长久的合作。如此想来，岂不是失去更多？当然，斤斤计较的人除了失去一些合作的机会和利益之外，还会失去最宝贵的资源——朋友。通常情况下，斤斤计较的人因为心胸狭隘，很难拥有良好的人脉。和朋友在一起的时候，他们因为谁请谁吃饭喝茶，谁买单的问题而颇费脑筋，最终，他们不再需要因为和朋友吃饭谁买单的问题而大伤脑筋，因为他们早就已经失去了朋友。

古人云，水至清则无鱼，人至察则无徒。意思是说，假如水太清了，鱼儿就无法生存，假如人太过于精明了，把凡事都看得很清楚，那么就很难有朋友。同样的道理，在人际交往的过程中，假如一个人算计得太清楚了，即使是交好的朋友，也会失去。其实，很多人在交朋友的时候都喜欢马大哈，他们显得傻傻的，但是却很可爱，他们无私地为朋友付出，也得到朋友无私的回报。这是因为人与人之间的交往是相互的，你想要得到多少，那么你首先应该主动付出多少。有些人在与人交往的时候总是不见兔子不撒鹰，或者是临阵磨枪，到用得着别人的时候再拎着礼品去拜访，这样未免有些狼子野心，昭然若揭。实际上，除了生理上的智力障碍之外，人人都不傻。只不过。有人的精明总是摆在桌面上，而有人的精明则深深地埋藏在心底之中。假如你能够意识到斤斤计较反而更容易失去更多这个道理，那么你就能够逐渐改变自己的行为方式，学会更好地与人相处。

苏菲在班级里的口碑非常好，几乎每个同学都跟她是朋友，因为她总是能够真诚地帮助同学们解决一些问题。但是，近来，苏菲在同学们中的口碑却一落千丈，使几乎每个同学见到她都避之唯恐不及。原来，这都是一次选举惹的祸。

近来，学校得到了一个名额，要评选出一名德智体美劳全面发展的同学成为整个地区的优秀学生。苏菲之前在班级中表现得非常优秀，这次也特别想争取到这个名额，因为被选中的同学很有可能将于毕业的时候被直接保送研究生。其实，原本为自己争取一个难得的机会是无可厚非的，但是，苏菲错就错在不应该明目张胆地给自己拉选票。大家都知道，大学环境还是相对比较单纯的，每个同学心中都有自己的一杆秤。原本，苏菲只要像平时一样对待同学们就足够了，但是，苏菲却一反常态，更加热情地对待同学们。她每天都利用午饭时间请各个同学吃饭，这使同学们非常反感，因为她的功利性太强了。在吃饭的时候，她还会非常明显地讨好同学们，并且许诺一些好处。如此一来，原本对她印象非常好的同学反而都不愿意选她了。最可怕的是，苏菲居然公开诋毁那个与她竞争的同学，说那个同学一些坏话，把一些莫须有的罪名添加到那个同学的名上。

最终，苏菲虽然得到了那个宝贵的名额，但是却失去了同学们的信任。大家都在私底下议论纷纷，说苏菲肯定是也对负责这件事情的老师采取了公关的态度，所以才能够使自己顺利当选。自从发生了这件事情之后，同学们再看到苏菲，都避之唯恐不及，因为他们都觉得苏菲的城府太深了，手段也过于社会化。因为计较这个名额，因为太想得到这个名额，苏菲失去了同学们的信任，这使她在之后的大学生活中如履薄冰。

其实，苏菲原本可以一直保持自己在同学们心目中的美好形象，然而，在这个荣誉面前，她却没有把持好自己。要知道，没有人愿意被别人当成是一颗棋子，也没有人愿意和一个自己看不透的人打交道。苏菲虽然得到了那个珍贵的荣誉，但是却失去了同学们的信任，孰轻孰重可想而知！很多时候。计较是性格中的缺点，它是我们在生活、工作和事业上的绊脚石，很容易使人们在不经意之间失去更多的东西。

宽心策略

一个富有的人并非是因为自己拥有的东西多，而是因为自己计较的少。假如你也想使自己成为一个富有的人，你就应该放宽胸怀，让自己远离斤斤计较，而多一份随遇而安。

宽容大度对待朋友，不要斤斤计较

朋友之间的交往，最重要的就是真诚，其次就是不能斤斤计较。观察身边的人和事，我们不难发现，那些宽容大度、不喜欢斤斤计较的人更容易交到朋友。很多时候，你想让朋友对你怎样，你就应该首先那样去对待朋友。有些人愿意首先付出，他们无私地对待朋友，所以也赢得了友情，得到了朋友无私的回报。相比之下，有些人却希望别人首先对自己付出，然后他再作为回报向对方付出。虽然只是先后次序的区别，但是结果却完全不同——主动付出的人身边围绕着很多朋友，被动付出的人在友情之中失去了主动权，自然收获的友情不如主动付出的人多。其实，朋友之间是一种缘分，茫茫人海，大千世界，两个人能够相遇、相识、相知，是一种莫大的缘分。那么，你是如何珍惜这份缘分的？最重要的就是应宽容大度地对待朋友，不要斤斤计较。

很多时候，我们要求别人不计较，但是自己却斤斤计较，这当然是行不通的。设身处地地为别人着想之后，你会发现自己也不愿意和一个斤斤计较的人交朋友。所谓朋友，正是那些不计较名利坦然相待的人。随着经济的发展，人们的生活节奏越来越快，不仅仅是友情，甚至连爱情都步入了快餐时代。人们因为需要走到一起，又因为不需要而离开。这使我们不禁想问：还有没有不计较的感情？所谓不计较，除了不计较交往过程中的付出之外，也指不计较对方的身份、地位以及经济能力。在交往过程中，很多朋友喜欢吃饭的时候AA制，如今，很多大城市的白领人士已经接受了这一新的观念，一起吃饭，图个乐呵。甚至还有些夫妻之间也兴起了AA制，家庭生活有着明确的分工和合作，凡事都一起出钱。对于这种友情和爱情，从传统的角度来说，总觉得没有大家围坐在火炉旁一起大块吃肉大碗喝酒来得更加热烈，没有夫妻之间同甘共苦、相濡以沫来得更加可靠。在选择和什么人成为朋友的时候，有些人除了精神方面的沟通和交流之外，其实是更加看重对方的客观条件的，例如能不能为我所用，对自己有没有提携和促进的作用，甚至在寻找人生伴侣的时候，人们也把心灵的契合放到了第二位，而把各种客观条件放到了择偶的第一位。这无疑将使人们的精神更加贫瘠和苍白。

笑笑和林倩既是同班同学，也是上下床的舍友。不过，她们俩却有着很多大的不同，即笑笑有很多好朋友，但是林倩却只有包括笑笑在内的屈指可数的几个朋友。为此，林倩非常疑惑。她认真地观察笑笑，而且虚心地向笑笑请教："为什么你有那么多的朋友，但是我的朋友却很少呢？"笑笑看了看林倩，问："你想听我说真话，还是假话？"林倩毫不犹豫地说："当然是真话！"笑笑一本正经地说："我认为你在交朋友的时候，思想上存在一定的误区。"林倩更加疑惑了，说："我很想交朋友啊，我是很积极的！”笑笑说：“我当然知道你是很积极的，但是，你不觉得你交朋友的目的性很强吗？例如，你之所以和王晶成为朋友，是因为你觉得她的学习成绩非常优秀，能够帮助你提升学习成绩；你之所以和李渡成为朋友，是因为你觉得他是学生会主席，掌握着很大的权利；你之所以和我交朋友，是因为觉得我的人际关系非常广，身边围绕着很多朋友，能够在需要的时候寻求帮助……对吗？”林倩陷入了沉思之中，笑笑赶紧说：“当然，我也是瞎猜的，我不是你肚子里的蛔虫，当然无法知道你真实的想法。”林倩若有所思地说：“你这么一说，我倒是觉得你说的有点儿道理！”笑笑接着说：“我呢，之所以身边有这么多的朋友，主要就是因为我交朋友的时候从来不过脑子，只要人家是真诚地想和我成为朋友，我就很乐意成为他们的朋友。其实，朋友的价值并不是说能够帮助你多少，而且心灵的沟通，大家在一起非常快乐，有了苦恼的时候也能够共同分担，说一些安慰的话，这就足够了！所以，你看，你的朋友大多是在某些方面比较突出的，而我的朋友呢，都是一些非常普通的同学，但是我们在一起很快乐！”林倩心有不甘地说：“我觉得我对朋友也付出了很多啊！”笑笑一拍脑门，说：“这也是咱俩的区别！你看，我交朋友的时候从来不会想着自己付出的多还是别人付出的多，但是，你呢，你大多数情况下是在有求于人的时候才会付出很多！这样一来，你的付出就带有很大的功利性，而我的付出则显得比较真诚，没有任何目的。”

听了笑笑的话之后，林倩恍然大悟。从此以后，她改变了自己的心态，非常真诚地对待自己的朋友，而且从来不计较，果然，她身边的朋友也越来越多了。

宽心策略

要想使自己拥有更多的朋友，就要学会摆正自己的心态，不计较地、真诚地对待自己的朋友！

宽容让你与棱角分明的同事安然相处

就像世界上没有完全相同的两片树叶一样，在生活中，每个人都是一个独立的个体，每个人都有自己的个性。这就要求我们要学会与不同个性的人相处。在职场上，我们尤其要学会与棱角分明的同事交往，这样才能使自己的工作更加顺利，使自己的职场生涯的发展更加顺利。

所谓棱角分明，其实是一个非常模糊和宽泛的概念。何谓棱角分明？宽泛地说，就是个性比较强。假如进行细致的划分，则可以分为很多种类。用一个形象的比喻来说，个性圆融的人就像是一块块被磨圆了的鹅卵石，但是棱角分明的人则像一块块未经打磨的石头，他们有些生硬的线条和尖锐的角。拿着一块圆融的鹅卵石，你可以使劲地攥在你的手心，而不怕被扎到。但是，假如是一块棱角分明的石头，你还能够紧紧地把它攥在自己的手心里吗？当然，假如你不怕扎，不怕流血，你也还是可以攥紧自己的手心的。然而，在现实生活中，没有人愿意平白无故地受伤或者是流血，这就要求你要学会如何与这块棱角分明的石头相处。同样的道理，在残酷的职场中，假如你不想无谓地牺牲，那么你就应该学会与棱角分明的同事相处，这样才能达到共赢的效果。很多时候，以卵击石是不可取的，以软碰硬也不是明智的选择，正确的做法是采取策略，达到共赢。

首先，要尊重对方的个性和尊严。人不是流水线上生产出来的统一标号和规格的零件，所以不可能是完全相同的。对于棱角分明的人，只要不是品质有问题，我们一定要尊重他的个性和尊严，这样才能打开对方的心门，使其真诚地接纳你。其次，要学会包容。只有你包容对方的个性，对对方表示理解，你才能更好地与对方相处。最后，还要学会展示自己，得到对方的认可。假如能够做到这三点，你就能够很好地与棱角分明的同事相处了。要知道，与人相处和领导安排下属工作是相同的，必须趋利避害，扬长避短。

大学毕业以后，张明进入一家外企从事销售工作，因为销售工作更多注重销售经验，所以张明被安排跟着李延实习。在实习的过程中，张明发现李延是一个特别难相处的人。他在公司里的销售业绩是最好的，为人桀骜不驯，总是听不进去别人的话，刚愎自用，特别武断。他似乎始终都沉浸在自己的世界里，而对外界发生的事情不闻不问。也正是因为他始终专注于自身，对待客户有一种锲而不舍的精神，所以他才能够很好地完成自己的销售任务，几乎每个月都在公司的销售榜上排名第一。

在和李延学习的过程中，刚开始的时候，张明非常苦恼。因为李延儿乎不怎么和他说话，更没有倾心地教授，所以张明只得亦步亦趋地跟着李延，在一边悄悄地学习、模仿李延。有一次，李延遇到了一个不买账的客户，不管李延怎么说，对方就是不从李延这里购买软件。一个偶然的机会，张明在客户的桌子上发现了一张全家福照片，照片上的男孩五六岁的样子，非常可爱。所以，张明把自己专门托人从国外给外甥带的变形金刚套装交给李延，并且让李延在下次拜访的时候送给那个客户。这真是一步别开生面的棋啊，瞬间就使他们走出了绝境。客户看到这套变形金刚之后，惊呼道："从哪里搞到的啊？我儿子已经追着我要一个月了，这可是限量版的呢，我托了很多人都没有买到。"这时，李延不知如何作答，张明在一边淡淡地说："我外甥六岁了，也喜欢这套变形金刚。所以，我就托人从国外买了两套，本想着其中一套作为备用的，那天恰巧看到你的孩子也五六岁的样子，所以不如成人之美了！"

果不其然，在李延和张明拜访之后的次日，这个客户主动给他们打电话签合约，并且说以后会长期合作。经过了这件事情之后，张明成了整个公司里和李延关系最亲近的人。后来，他们居然还成了无话不谈的好朋友！

其实，张明之所以能够得到李延的认可，主要是因为他适时适当地展示了自己的实力。大凡能力比较强的人，总是有点儿孤芳自赏。李延的业绩始终是公司第一名，他当然不会轻易服软了，而张明则得到了李延的肯定。

宽心策略

对于棱角分明的人，最失策的做法就是与其对着干，针尖对麦芒，只有首先尊重和理解对方，然后再找合适的机会得到对方的认可，才能够走进对方的心灵。

事实胜于雄辩，不要惧怕抢了你功劳的同事

随着社会的发展，很多工作都变成了脑力劳动，这也就决定了在现代职场，越来越多的剽窃行为时有发生，防不胜防。因为大多数创意都是在脑海中形成的，所以，这也就意味着没有人能够证明这项工作到底是由谁来完成的，不像盖房子，周期长，而且有很多人都看到了这个事实。如此一来，怎样保护好自己的工作成果就成了每个职场人士都必须关注的问题。即使如此，也还是防不胜防。那么，应该如何对待与你争功劳的同事呢？

如今，职场的竞争越来越激烈，为了使自己能够有一个好的前途和未来，很多人甚至恬不知耻地抢夺原本属于同事的功劳，将其据为己有。这种行为和偷窃简直毫无区别，是非常可耻的。然而，在现实生活中，作为职场人士，很多人都曾经遭遇过这种偷窃行为，看着原本属于自己的劳动成果被别人据为己有，你会如何处理呢？有的人也许会选择忍气吞声，有的人也许会选择据理力争，但是，对于上层领导来说，不管是谁的劳动成果，只要是对公司有利的人，他们都会任用。由此看来，领导并不会在这件事情上持坚定的立场，而是“和稀泥”。所以，在遇到功劳被抢的时候，不要把太多的希望寄托在领导身

上，毕竟，很多成果都是脑力劳动的结果，没有人能够证实这个成果是你的还是他的。所以，在这场没有硝烟的争夺成果之战中，我们必须开动自己的脑筋，灵活机智地解决问题。只有让事实不辨自明，对于被偷窃的一方而言，才是最好的结果。

张虎和李哲一起应聘进入了一家公司工作，因为年纪相仿，而且经历也很相似，所以他们相处得很好。

一次，单位接到了一个很大的项目，公司老总在全公司范围内凑集好创意。老总承诺，只要创意被采用，不管是谁，都官升一级。为此，公司上下每个人都在非常努力地开动脑筋。看着大家一个个跃跃欲试的样子，张虎脑中灵光一闪，他决定走一条与众不同的路线，这样才能够旗开得胜。与此同时，李哲也想到了一条与张虎差不多的思路，但是，因为要进行大量的市场调研，工作量很大，所以李哲最终放弃了。眼看着最后的日子就要到来了，张虎终于做出了一份使自己满意的策划书。而李哲呢？因为前怕狼后怕虎，他非但没有做出出众的计划书，更没有拿出使自己满意的答卷。

在截止日期的前一天，张虎在对自己的策划书进行最后的审校，此时，李哲说："张虎，让我看看你的策划书吧，听大家说你为这份策划书可煞费苦心呢！"张虎感到非常为难，一边是要好的哥们，一边是自己呕心沥血才制作出来的策划书。想到就剩下一个晚上的时间了，张虎最终决定让李哲看看自己的计划书。次日，在公司领导精选出来的项目计划书中，李哲排在张虎前面对自己的计划书进行阐述。当李哲的计划书出现在投影仪上的时候，张虎的脑袋嗡的就大了，这不是自己的计划书吗？所有数据都是自己辛辛苦苦统计出来的。虽然如此，张虎却并没有声张。公司领导对于李哲的计划书展示的数据非常满意，因此让李哲详细阐述一下这些数据的由来。这下子轮到李哲头大了，因为他根本不知道这些精密的数据是如何得到的。此时，只见张虎不慌不忙地说："让我来阐述吧，因为这些数据是我花了整整两个月的时间利用工作之余统计出来的。"

随着张虎的详细阐述，领导已经知道这些数据都是张虎的心血了。最终，张虎顺利地通过了领导的考核，升职为部门主管。

宽心策略

不管什么时候，事实都胜于雄辩。即使一个人再怎么能言善辩，却无法阐释经由别人的脑子诞生出来的伟大思想。所以，尽管脑力劳动的成果是很好剽窃的，但是思考的过程却是无法复制的。正如故事中的张虎，因为信任，他把自己的劳动结晶给了李哲看。虽然李哲很不地道地剽窃了张虎的统计数据，但是他却根本不知道这些数据是如何得来的。面对与你争功劳的同事，事实就是最强而有力的辩驳。

对待喜欢打小报告的同事，用事实说话

早在上学的时候，细心的同学就很容易发现一件奇怪的事情，总是有些同学特别喜欢打小报告。同桌上课说话了，他打小报告；某某作业没写完，他打小报告；张三不小心把李四的铅笔盒摔坏了，他还是打小报告。我们就不理解了，这些事情看上去和他没有半毛钱关系，他为什么总是乐此不疲地打小报告呢？其实，这是一种性格特点，而不是一种习惯。然而，不管是性格特点还是习惯，都是很难改变的。久而久之，这个爱打小报告的同学长大了，走上社会，投入到工作之中，但是他还是无可挽救地喜欢打小报告。同事迟到了，他打小报告；同事说领导坏话了，他打小报告；甚至连同事与爱人关系不和，闹离婚，他也要打小报告。这个小报告打来打去，有什么好处呢？假如遇到一个

不辨是非的领导，那么会继续鼓励他当自己的耳目，继续打小报告；假如遇到一个非常理智和公正的领导，那么首先会怀疑打小报告者的人品，继而再用心分析他所说的话是否属实。假如不幸遇到了第一种领导，那么打小报告的行为就会有愈演愈烈之势；假如侥幸遇到了第二种领导，那么虽然打小报告的行为能够得到及时的遏制，但是却从此在领导的心目中留下了不好的印象，最终葬送了自己的职业前景。由此可见，不管从哪个方面来说，打小报告都是得不偿失的。

那么，既然我们都已经认识到了打小报告的恶劣后果，我们当然不会去充当那个打小报告的人了。但是，这却无法阻止别人打我们的小报告。假如有人打你的小报告，你应该怎么做？大多数情况下，为了使自己编造的“小报告”发挥陷害人的功效，那些散布流言飞语告“黑状”的人已经掌握了人们的心理活动规律，即人们总是相信第一印象，第一印象已经形成，就很难改变。为此，在面对打自己小报告的人的时候，我们首先应该态度强硬，正所谓身正不怕影子斜。只要你相信自己，那么你就完全可以公然地和打小报告的人对峙。要知道，在了解情况的时候，假如你采取忍气吞声、息事宁人的态度，那么对方就会认为你是胆怯。这个时候，态度在很大程度上能够说明一些问题。你可以采取主动出击的策略，把所发生的事情的原委详细客观地告诉大家，使人们在心中对此进行评判。此外，你也可以与打“小报告”的人进行公然论战，一一反驳他所列举的“黑材料”以及各种不实之词。当然，要想不授人以柄，最根本的解决方法还是使自己端正清明，让人没有小辫子可抓。要想做到这一点，就要一身正气，凡事讲求公正，用事实说话。

黎明和朱志是大学同学，大学毕业后，他们一起应聘进入一所学校当教师。工作两年之后，学校恰巧有一个名额，要外派到美国去进修一年。因为其他的老教师大多数已经结婚生子了，青年教师中又数黎明和朱志最为优秀，所以，黎明和朱志理所当然地成了竞争对手。

其实，论教学水平和科研能力，黎明和朱志是不相上下的。黎明是学习心理学专业的，朱志是学习中文的。但是，相比之下，黎明的人缘更好一些，朱志却有一些文人的清高。对于能否得到这个去美国的机会，黎明非常坦然，不过，却有人看到朱志在晚上的时候拎着礼品去校长家里。很快，学校就定下了去美国进修的人员名单，其中，赫然有朱志的名字。很多同事为黎明打抱不平，但是，黎明却很淡然。他说，不管是谁去进修，只要对学校有所贡献就可以。然而，一个星期过去了，黎明却突然一反常态地开始竭力争取这个名额。原来，黎明之所以没有得到这个名额，是因为朱志去校长家的时候打了黎明的小报告。朱志告诉校长，黎明在读大学期间曾经因为几门学科不及格而被劝退，后来是因为黎明的爸爸给校长送了重金，黎明才得以继续把大学读完。

对于朱志这种无中生有的造谣行为，黎明非常气愤。他联系了之前担任自己班主任的华老师，并且请求华老师亲自给校长打电话。原来，黎明的确有几门课程没有通过考核，不过，那是因为他生病落了几个月的课，因此根本没有所谓的劝退之说。面对黎明如此强烈有力的回击，朱志哑口无言。最终，他费尽心机得到的去美国深造的机会不翼而飞了。

宽心策略

对付那些喜欢打小报告的同事，最好的方法就是用事实说话，假如能够像黎明一样找到第三者充当自己的证人，那么就更容易撇清自己，证明自己的清白。不管谣言再怎么魅惑人心，事实都是最有力的证据，胜于一切雄辩。

怀着一颗感恩的心对待家人

每个人的成长都离不开家人的陪伴，从嗷嗷待哺的婴儿到健康成熟的成人，这期间的过程是非常漫长的，离不开父母无微不至的关心、照顾，也离不开兄弟姐妹的相互扶持、鼓励和帮助。然而，等到真正长大的时候，也就是我们脱离家庭的时候，我们组建了一个属于自己的家庭，从而彻底地脱离了之前的大家庭。细想起来，家庭就像是一个不断分裂的细胞，一代一代地衍生下去。

对待家人，不管是父母也好，还是兄弟姐妹也好，我们都应该怀着一颗感恩的心。要知道，假如没有他们，也就没有今天的我们。在现代社会中，有很多人因为自己的家庭条件不够好，父母无法为自己提供更多的经济支持而对父母心生怨恨。其实，这是完全错误的做法。任何生命的孕育都离不开母亲的子宫，在那个黑暗而又温暖的小房子里，你从一颗小小的胚芽成长为一个健康可爱的婴儿。而婴儿靠什么生存和成长呢？靠的是母亲的血。所以说，每一个孩子都是母亲的骨血，而这还远远不是母亲最操心的时候。等到孩子出生以后，父母还要一把屎一把尿地把孩子养大成人。人们常说，不养儿不知父母恩，主要是因为没有养育孩子的人根本无法从父母的描述中体会到父母的辛劳。对于初为父母的人而言，最难熬的就是孩子生病的时候。看着那个小小的身躯在护士的手底下扭动，父母总是心如刀割，恨不得代替孩子被针扎。在成长的过程中，孩子需要兄弟姐妹的陪伴，一个孩子总是觉得孤单，而假如能有兄弟姐妹，即使偶尔会打打闹闹，也是一份亲密无间的陪伴。如此想来，不管我们的父母是贫穷还是富有，不管我们的兄弟姐妹离我们是远还是近，他们都是我们最亲近的人，是我们应该对其心怀感恩的人。

松阳今年26岁了。他的父母都是农民，一辈子面朝黄土背朝天，为了供养松阳读完大学，他的父母每年农闲的时候都外出打工，在建筑工地上干一些又脏又累的活儿。大学毕业后，松阳选择留在大城市。父母原本以为等到松阳读完大学就能够帮衬家里了，想不到的是，大城市的大学生多如牛毛，松阳非但没有能够帮助父母，反而时常需要父母的接济。

转眼之间，毕业两年的松阳已经26岁了，经人介绍，他认识了李云。李云是一个非常漂亮的姑娘，而且是本地人，父母都在银行工作，家境比较殷实。经过一年多的恋爱之后，李云想结婚了。松阳当然也想早日结婚，毕竟，结婚了自己也就有家了。为了商讨结婚的诸多事项，松阳的父母特意从外地赶来和亲家见面。想不到的是，李云的父母提出让松阳的父母在本市买一套房子。为了供养松阳上大学，他的父母已经累弯了腰。如今，居然让他们在本市买一套50万的房子，这不是强人所难吗？大多数人都认为松阳应该自己和李云协调好这件事情，以免父母为难。但是，出人意料的是，当李云说出没有房子就不结婚的时候，松阳居然转而去责怪他的父母。他说："都是你们成天嚷嚷着让我找对象。这下好了吧，对象也找到了，也要结婚了，房子呢？没有房子怎么结婚？没有房子有哪个姑娘愿意嫁给我？"松阳的父母不禁老泪纵横，善良的他们没有想到责备儿子，只是自责自己没本事，没给孩子一个幸福安稳的家。

如此一来，结婚前的家长见面闹得不欢而散，面对着李云及其父母坚定地要房子的态度，松阳赌气地说："这婚不结了！"当父母再劝松阳好好和李云商量一下房子能否缓一缓再买的时候，松阳对着父母吼道："缓一缓，缓一缓，既然房子可以缓一缓再买，为什么婚不能缓一缓再结呢？你们什么都给不了我，却总是催着我结婚！"父母无语哽咽，不知道应该如何应对。

一天，松阳正在上班的时候，突然接到了一个电话，原来，为了给松阳攒钱买房子，他的父母再次重操旧业，到建筑工地上打工。一个不小心，松阳的爸爸从三层楼高的脚手架上摔了下去，昏迷不醒。松阳跪倒在父亲面前，大声哭泣："爸爸，你睁开眼睛看一看我吧！我是松阳，我是个混蛋，你和妈妈辛辛苦苦地供我读完大学，但是我却还逼着你们要买房子！我是个混蛋啊！"最终，松阳的爸爸醒了过来，但是却永远地瘫痪了。

此后，松阳毅然决然地和李云分手了，他再找女朋友的时候，第一个条件就是告诉人家自己没有房子，而且要每个月都给父母一些钱养老。终于，松阳找到了一个愿意和他同甘共苦的女孩子，女孩子冰雪聪明，善解人意。她说："对于人生而言，最大的痛苦就是子欲养而亲不待。房子会有的，或早或晚而已，但是，父母却只有一辈子的缘分，必须好好珍惜！"他们生活得非常幸福，女孩子把松阳的父母当成是自己的父母孝敬，毋庸置疑，松阳对岳父岳母也非常好。

宽心策略

不管什么时候，我们都要对家人心怀感恩，因为没有他们就没有现在的我们。每个人的成长都离不开家人的关心、照顾和陪伴，所以，我们要永远地珍惜和家人之间的缘分和情意。

婚姻的"死穴"是唠叨、批评和指责

很多时候，我们眼睁睁地看着一场幸福美满的婚姻走向终结，但是却不知道自己错在哪里。不得不说，这是莫大的悲哀。虽然人们都说夫妻相处是一门艺术，需要双方都做出很大的妥协和让步，但是夫妻相处也是很容易的，只要把握好一些原则，那么夫妻相处就会变得更加简单一些。归根结底，牙齿总会不小心咬到舌头，夫妻之间没有不吵架的。假如不牵涉到原则问题，偶尔的争吵反而能够使夫妻之间的相处更加和睦，增进彼此的交流和了解。当然，这一切都要建立在不涉及原则问题的基础上。

毫无疑问，生活是琐碎的，所以，很多夫妻的争吵并没有无法协调的矛盾，而是因为一些不起眼的小事情。不起眼到什么程度呢？或者是因为谁刷碗，或者是因为谁接送孩子上学放学，或者是因为春节的时候回谁家。细想起来，因为这些简单的小问题吵架简直是可笑，毕竟夫妻是要相濡以沫度过一辈子的。然而，事实的确如此，很多夫妻吵架都是因为这些微不足道的小事情。因为这些小事吵架的时候，要想控制事态的发展，最重要的是就事论事，不要因为这些小事而上升到上纲上线的程度，否则，就会无法收拾。很多时候，男人的思维模式和女人是不同的，女人喜欢叨唠，但是男人却最讨厌听到女人的唠叨。这主要是因为男人和女人的心理特点不同导致的。通常，女人唠叨只是一种情绪的发泄，仅仅需要一个倾听者，但是男人却与此截然不同。对于男人而言，既然一个问题被提了出来，那么就要去解决这个问题。所以，女人的漫不经心的唠叨总是会使男人抓狂。因为男人自古以来的主宰位置，所以大多数男人都特别爱面子，他们无法忍受女人的批评和指责，这对于他们而言简直是无法忍受的！因此，我们可以这么说，唠叨、批评和指责是婚姻的“死穴”。要想婚姻生活幸福美满，作为女人，就一定要避免点到这三个“死穴”。

实际上，在了解男人的生理特点之后，你会发现与男人交往原本是很容易的。男人的思维是粗线条的，他们不喜欢唠叨。对于他们而言，一就是一，二就是二，没有介于中间的模棱两可的答案。所以，女人应该学着适应男人的思维方式，这样才能更好地和男人相处。

一一和华丰是大学同学，他们是自由恋爱结婚的。原本以为对于自由恋爱的情侣而言，婚后的生活一定是比蜜更甜的，想不到的是，他们结婚没多长时间就开始无休无止地争吵。这种争吵严重破坏了他们之间的感情，使一一有种痛不欲生的感觉。

就这样，他们争吵了三年，在此期间，孩子诞生了。当他们又一次因为小事而争吵的时候，一一一气之下离开了家。经过彻夜不眠的思索，一一决定离开华丰。但是，当一一回到家之后，看到孩子那天真灿烂的笑脸，她身上的母性复苏了，她又开始犹豫了。

为了改变现状，一一决定再给彼此一个机会，她去看心理医生，希望心理医生能够帮助自己找到问题的答案，为什么相爱的两个人不能很好地相处。见到心理医生之后，一一把家庭的情况全都倾诉了出来，她说：“不知道为什么，我整天都特别烦，我不仅要上班，还要照顾孩子，还要做家务。但是华丰呢？他就像没结婚的时候一样惬意，有的时候，我让他帮我拖地，他就拖得像是大花脸似的。我让他帮我给孩子冲奶粉，他不是冲稀了就是冲稠了，从来没有恰到好处的时候。即使我每天晚上都提醒他睡前刷牙，他还是忘记。而且，他总是丢三落四，让他下班回家的时候买点儿菜带回来，他要不忘记，要不就买回来一堆烂菜。”

听着牢骚满腹的一一的倾诉，心理医生让她把华丰约到心理门诊。心理医生单独见了华丰，不出他的所料，华丰的表述和一一的截然相反。华丰说：“自从结婚之后，我就深受打击，觉得自己什么也不是。我不是懒惰，而是不管我干什么，得到的都是一一的指责。我拖地，她嫌弃我拖得不干净，我给孩子冲奶粉，她不是嫌弃稀了，就是嫌弃稠了！假如婚姻生活就是把我打击得体无完肤，那么我宁愿不要所谓的爱情。”

查清了症结所在之后，心理医生对一一说：“男人和女人是不同的，男人比较粗线条，而女人则显得更加细腻。所以，在生活的很多细节方面，都是由女人照顾男人。而且，男人很难记住女人所关注的那些细节，因为他们亘古以来就负责外出狩猎，而不是照顾家庭。因此，你应该给华丰更多的空间，假如你总是频繁地对他提出很多细节方面的要求，那么他就会不胜其烦。”心理医生对华丰说：“女人天生就有筑巢的本能，她们自古以来就负责留在家中照顾孩子，所以，她们更多地关注细节。因此，你很难让一一在短期之内变得不那么唠叨，因为这是大多数女人的通病。对于一一的唠叨，你可以当成是她的一种发泄，只要取其精华去其糟粕就行了。”

听了心理医生的建议之后，一一和华丰都开始积极地调整自己的心态，为了拥有一个幸福的家庭，为了能够给孩子一份安稳的生活。他们俩向着一个共同的目标不断地努力，最终顺利地完成了婚姻的转折，他们的婚姻生活变得越来越融洽，越来越和谐。

宽心策略

从这个事例中我们不难发现，唠叨、批评和指责是婚姻的“死穴”。要想拥有一份和谐稳定的婚姻生活，我们就必须避开“死穴”，尽量体谅和理解对方。

第12章

宽心是一种解脱：处世淡然做最简单的人

一个真正强大的人，并非一定有着多么强壮的身体和无限的能量，而是能够控制自己的情绪。对于任何人来说，只有成为自己的主宰，才算是真正强大。此外，真正强大的人心胸开阔，有容人之量，正如古人所说的“宰相肚里能撑船”。

被心牢囚禁，必将远离精彩人生

人们常说，心有多大，舞台就有多大。还有人说，世界上最宽阔的是海洋，比海洋宽阔的是天空，比天空更宽阔的是人的心灵。然而，未必每个人的心灵都比海洋更宽广，比天空更高远。有的人小肚鸡肠，心眼比针尖还小，不管做事情还是与人相处，都透着一股小家子气。这样的人势必很难有大的发展，更不会拥有精彩的人生。

有的时候，人们总是很纳闷，因为生活中的人们拥有的人生完全不同，有人的人生大风大浪，大开大合，也有人的人生就如一汪死水，波澜不惊。那么，生命的意义在于什么呢？生命的真谛并非是安安稳稳地活着，而是活得精彩，活得出人头地！假如你过的每一天都是前一天的重复，那么，活几十年和活一天有什么区别呢？不过，有人却甘愿过这种生活。究其原因，他们是被自己的心牢囚禁住了。与他们相比，有人的人生却是非常精彩的，他们经历了人生的大起大落，在跌宕起伏之中感受生命的真味。他们遇到挫折和困难的时候从来不抱怨，只知道一味地努力；他们在感到喜悦的时候也不会得意忘形，因为他们知道一切都是过眼烟云，生命最重要的在于过程，而不是结果。因此，他们活得非常明白，非常洒脱。恰如一副对联上写的：宠辱不惊，闲看庭前花开花落；去留无意，漫随天外云卷云舒。只要能够敞开自己的心灵，那么世界上就没有东西能够囚禁住你。

古人云，世间本无事，庸人自扰之。在现实生活中，很多人都会觉得烦恼，觉得自己不幸福。实际上，幸福与痛苦是相对而言的两个概念，正是因为有了痛苦，你才能感受到幸福的可贵；正是因为有了幸福，痛苦才使人生变得更加厚重。俗话说，人生百味。既然活着，我们就要坦然接受生活的赐予，既要笑着面对幸福，也要坚强地面对困难和挫折。假如因为一时的小挫折就把自己的心灵打入万劫不复的深渊，并且套上沉重的枷锁，那么，你就会失去翱翔的翅膀。要知道，生活的真实面目就是接二连三的波折，一波未平一波又起才是生活。即使山峰再刚强再青翠，也必须以欢迎包容的姿态拥抱一处处怡人的风景，揽住承载生命的一湾湾碧水，从不曾居功自傲，也不曾俯首言难。即使河水再怎么柔弱，也必须承载万吨巨轮的乘风破浪，而不能抱怨命运的不公。否则，它们就无法成为山峰和河水，无法感受到自己存在的价值。

黎明今年已经32岁了，但却还是单身。实际上，黎明的条件很好，追求他的女孩子也很多，但是他却始终不为所动。常言道，男大当婚，女大当嫁，黎明为什么始终坚持单身呢？这还要说到他26岁时的一次遭遇。

那时，黎明大学毕业没多久，刚刚参加工作，不仅经济上非常拮据，而且也没有为人处世的经验。一个偶然的机会，黎明认识了一个非常漂亮的小姑娘。虽然黎明什么都没有，但是因为一见倾心，所以小姑娘还是和黎明确定了恋爱关系。遗憾的是，这个小姑娘的家里非常有钱，父母都是生意人。尽管她不嫌弃黎明，但是她的父母却坚决反对她和黎明来往。眼看着两个人即将步入婚姻的殿堂，未来的岳父母也开始公开地采取各种办法阻挠黎明和小姑娘的恋情进展。甚至有一次，当着很多同事的面，未来的岳母大人公开羞辱黎明："你这个穷小子，有什么资格谈爱情？你一个月的工资甚至买不起我女儿常用的化妆品，你又拿什么来养活她呢？你没有房子，没有车子，户口也不在本地，我希望你知难而退，不要自取其辱！"经过这次沉重的打击之后，黎明变得特别自卑。在这个陌生的城市中，他经常觉得自己就像是一颗浮萍，漂浮着，无依无靠，无着无落。自此以后，黎明就再也没有谈过恋爱，因为他怕自己再次遭到别人无情的嘲笑。看到黎明的情况，身边的亲人朋友们都非常着急。毕竟，黎明的年纪一天天地大了，却还是单着……

假如黎明继续这样单身下去，紧紧地关闭自己的心门，那么，他很有可能会与爱情绝缘。要知道，在这个世界上有形形色色的人，我们既要笑对别人的夸赞，也要勇敢地面对别人的质疑。虽然男人是家庭的主要支柱，但是，男人却不是全能的。即使没有房子，没有车子，没有本地户口，只要有信心，只要肯努力，依然能够给自己所爱的女孩带来幸福的生活。然而，黎明的自信心备受打击，从而封闭了自己的感情世界。实际上，这是一种逃避。把自己关在心牢之中，别人就无法伤害到你了吗？实际上，这种行为已经严重影响到了他的人生。

宽心策略

所以，不管生活给予我们怎样的磨难，作为一个勇敢的人，我们都应该勇于面对，努力争取属于自己的幸福。而千万不要走进心的牢笼，使自己插翅难逃。世界原本是很大的，但是对于一个禁锢了自己心灵的人来说，世界却会无限缩小。只有敞开心房，阳光才能走进你的心灵，吹散心中的阴霾。

不过度在意悲喜，才能解脱自己

人生在世，必然要经历很多事情，这些事情使我们或喜或悲，沉浸在情绪的河流之中。你是随波逐流呢，还是把握自己？假如你随波逐流，那么你的人生必然会随着命运的安排跌宕起伏，而你也只能被动地感受人生。假如你能够把握自己，把握自己的心灵，那么你就能够把握命运，彻底地解脱自己。古人云，不以物喜，不以己悲。虽然人有七情六欲，但是假如过于放纵自己的感情，那么就会使自己被情绪所控制和影响，失去自我。

当然，这也并不意味着人生应该是平淡如水的。不过，凡事都应该有度，过犹不及。在生活中，最难放下的是仇恨。很多人在提起自己的仇人时咬牙切齿，殊不知，在憎恨别人的同时，受到伤害的还有自己。所以，人们才会说，爱的反面不是恨，因为恨也是一种爱，而是遗忘。对于曾经的爱人而言，假如你还恨着他，那么就说明你还没有忘记他，更没有释怀，而是以恨的方式在爱着他。而假如你真的不爱了，那么你就不会恨他，而是遗忘，真正地遗忘。只有遗忘，你自己才能够获得解脱，才不会用别人曾经的错误长久地惩罚自己。

佛陀住世的时候，一位名叫黑指的婆罗门来到佛前，运用神通，每只手里都拿了一个比人还高的花瓶，前来献给佛陀。

佛陀向着黑指婆罗门说道："放下！"

因此，婆罗门就把左手之中拿的那个花瓶放到了地上。

但是，佛陀却还是说："放下！"

于是，婆罗门又把右手之中拿的那花瓶也放到了地上。

让婆罗门不解的是，佛陀仍然说："放下！"

黑指婆罗门百思不得其解，疑惑地说："世尊，我的手里什么都没有了，我已经把两个花瓶都放到地上了！"

佛陀点拨他说："我是让你放下你的六根、六尘和六识，而不是让你放下花瓶。只有你放下这些，心无杂念，你才能够从生死桎梏中彻底解脱出来。"

至此，黑指婆罗门才了解佛陀的真意，赶紧顶礼膜拜。

雅致和文强是大学同学，早在大学期间，他们就已经确立了恋爱关系，毕业以后，他们留在了同一个城市之中。原本，他们是同学眼中的金童玉女，但是，在生活和事业渐渐有了好转之后，文强却觉得和雅致之间越来越没有什么共同语言了。因此，文强提出了分手。为此，雅致非常憎恨文强，她觉得这个男人耗尽了自己所有的大好年华。

几年过去了，在同学聚会上，雅致看到文强还是怒目相视。直到有一天，她认识了现在的老公，一个非常优秀的温文尔雅的男人。渐渐地，雅致发现自己已经不恨文强了，在大学毕业十年的同学聚会上，雅致甚至还主动和文强打招呼，给他看自己儿子的照片。文强如释重负，他知道，雅致终于放下了自己！

在第一个佛教故事中，佛陀的本意是想让黑指婆罗门放下心里的执着，而并非是仅仅放下手中的花瓶。对于一个普通人而言，根本不可能每只手都拿着一个比人还高的花瓶，即使用两只手抱起来也是十分困难的。但是，黑指婆罗门为了展示自己的神通，非常张扬地一只手拿着一个比人还高的花瓶，并且还展示给佛陀看。这就是执着，黑指婆罗门太想炫耀自己了。在第二个事例中，作为大学同学和恋人，雅致好几年都没有从对文强的感情中走出来，直到认识了一个优秀的男人，找到了人生的归宿。最终，她之所以能够坦然地面对文强，正是因为她已经真正地放下了文强，彻底地解脱了自己。

很多时候，执着这件事情非常微妙，有时候不由自主，有时候则是故意的。打个比方而言，有的人，尽管你与他只有一面之缘，但是却印象深刻，无论如何都忘不了他；而有的人，即使你天天见，但是却对他视若无睹。这就是执着的作用。因为每个人的心里都有自己的爱和欲，因此，即使是对同样的东西，每个人也会产生截然不同的想法。要想控制自己，就要抛开所有的世俗杂念，这样一来，你就会发现你可以挣脱执着的束缚。

宽心策略

面对仇恨，面对虚荣，面对炫耀，面对人的劣根性，要想战胜它们，我们就要学会控制自己的各种贪欲，放下很多华而不实的东西，牢牢地把握人生。

别轻易生气，生气伤人伤己

不管你是一个多么精明强干的人，你都面临着一个非常艰难的选择，即怎样度过自己的一生。对于生活，每个人有每个人的理解，对于人生，每个人更是有自己的追求。其实，你拥有怎样的人生，完全取决于你的人生观、世界观、价值观。而你的人生过得是否快乐，则完全取决于你拥有怎样的心态。宽容的人处处容人，在容人的同时也宽宥了自己。而心胸狭隘的人呢？总是“不蒸馒头争口气”，处处争强好胜，恨不得别人都不如自己。尤其是在面对别人的过失的时候，不管是无心的，还是有意的，他们总是得理不饶人，纠缠得无休无止。从表面看起来，这些人也许争得了一时之快，但是其实他们却是更深地伤害了自己。人生苦短，假如总是无谓地争辩，无谓地置气，那么你用于享受幸福和谐的时间自然就越来越少了。你愿意自己笑着度过一生，还是生气着度过一生？面对这个问题，相信大多数人都能够给正确而又理智的答案，然而，一旦事到临头的时候，说起来容易做起来难，还是有很多人被愤怒冲昏了头脑，伤人伤己。

不管从哪个方面来说，生气都是有百害而无一利的。人们常说，退一步海阔天空。在人与人的交往中，更是如此。有的时候，假如双方互不相让，那么就容易使一件原本很简单的、无关紧要的事情逐渐恶化，直至无法收场。但是，假如有一方能够宽容大度，主动退让三分，也许结局就会截然不同。在为人处世的过程中，我们一定要沉住气，控制好自己的情绪，用大度的胸怀、平常的心态、理智的思维去对待人和事情，只有这样，才能把“生气”这个魔鬼赶得杳无踪影。很多人都胸怀远大的志向，殊不知，假如你连自己的情绪都控制不了，又如何掌控大局呢？所以，要想成就大事，首先要成为自己的主宰，这才是做人做事的根本之法。《圣经》上说：“即使人赚得整个世界，但是却赔上自己的生命，那也是得不偿失的。”记住，不管什么时候，生命都是第一重要的。而生气却无异于在自杀，只要能够意识到这一点，你就能够更好地控制自己的情绪，降低生气的频率。

蔡明福夫妻在一家饭店旁边开了一家很小的便利超市。每到饭点的时候，饭店的门口就川流不息，人来车往。很多顾客先到蔡明福夫妇的便利超市中买完东西，然后就把车停在超市门口，顺便到饭店里吃饭。

一天中午，蔡明福正在和妻子一起吃午饭。突然，店门前来了一辆最新款的奔驰车，车子停到他们的便利超市门口之后，一位略微发福的中年男人在他们的超市里买了一包中华烟，然后就准备到旁边的饭店里吃午饭。

此时，蔡明福的妻子面露不悦，赶紧叫住那个男人说："先生，不好意思，麻烦你把你的车子移到别的地方吧，你停在我们的超市门口，正好挡住我们的门脸了。"中年男人急急匆匆地说："我吃完饭马上就回来，最多不超过半个小时，不会耽误你们做生意的。"蔡明福的妻子一下子怒火中烧，非常生气地说："你这个人讲不讲道理？这是我们的门面，是我们花钱租下来的，别以为你开奔驰就了不起了，可以不讲道理了。你最好赶紧把车挪开。"中年男人看到蔡明福的妻子出言不逊，也不甘示弱："你说得太正确了，我今天还就不挪了。你家租的是门面，不包括前面的路，我就爱停在这里，你管不着！"两个人互不相让，你一言我一语地吵了起来，吸引了很多路人驻足观看。有几个路人原本想进超市买东西，一看这架势赶紧绕道往别处去了，谁都不愿意趟这趟浑水。

看到这种情况之后，蔡明福赶紧从超市里走了出来，拉住妻子说："好了，不要再吵了！咱们是做生意的，讲究和气生财，怎么能为这一点小事和客人吵架呢？"蔡明福一边说，一边递给中年男人一支中华烟说："先生，实在对不起，我老婆脾气不好，还请您多多原谅。"因为这件事情，蔡明福的妻子不停地埋怨他，说蔡明福是胆小怯懦的男人。为此，她气得一个下午都郁郁寡欢，连血压都升高了！

生气对健康十分有害，如今，越来越多的人已经意识到了这一点。很多人因为一些小事情而生气，实在是得不偿失。其实，很多时候，与其用争吵来解决问题，使自己多了一个敌人，还不如用和气来解决问题，使自己多一个朋友。现代社会，各行各业的竞争越来越激烈，生存的压力也越来越大，人们的心情也越来越烦躁不安，与其一言不合就开始吵起来，甚至大打出手，不如好言相待，利人利己。

宽心策略

总而言之，不管是从别人的角度，还是从自己的角度来看，生气都是有百害而无一利的事情，所以，我们应该摆正自己的心态，宽容待人，尽量少生气。

学会放下，清理情绪是一种大智慧

在人的一生之中，没有人能够保证自己事事顺利，处处顺心如意。人生，既有得，也有失。这就要求我们必须及时调整自己的心态，得到的时候不要大喜过望，乐极生悲，失去的时候也不要长久地沉迷于痛苦之中，无法自拔。只有调整好自己的心态，才能够坦然地面对人生的得失，以一颗平常心享受幸福。尤其是当失去的时候，很多人都无法从自责、懊丧之中挣脱出来，总是追悔莫及，不能自已。其实，在面临危险和困境的时候，放弃不仅是一种大智慧，而且是一种真正的勇气。

曾经有位哲人说过：“记性不好的人，永远觉得生活清新有趣。”这句话非常有道理，因为很多人之所以觉得自己不幸福，最重要的一个原因就是他们的记性太好了。生活是琐碎的，琐碎的快乐，琐碎的烦恼。把琐碎的快乐串起来，就成了幸福；然而，与此相反的是，假如一个人牢牢地记着自己所遭遇的不幸，那么，日积月累，他必然觉得自己是世界上最倒霉、最悲惨、最不幸的人。一旦达到这个程度，他想要幸福就很难了。由此可见，一个人要想得到幸福和快乐，首先应该学会忘记。对于任何人来说，曾经经历的痛苦都是一个非常沉重的负担，最终使人产生悲观厌倦的情绪，与其这样，还不如超脱地忘记，忘记那些无关紧要的烦恼，忘记那些曾经使你痛不欲生的苦痛，这样你才能轻松地面对生活，让快乐和幸福充实你的心灵！

很久以前，世界上还没有火车，更没有飞机，轮船是人们非常喜欢的交通方式。有位名叫约翰的商人带着儿子一起出海旅行。为了随时补充现金以备使用，他们随身带了一箱子珠宝，准备在旅途中卖掉。为了保护自己的生命安全，他们始终对这个秘密守口如瓶。

但是，一个偶然的机会，约翰听到水手们在窃窃私语。原来，水手们已经发现了他随身携带的珠宝，为了掠夺这些珠宝，水手们甚至正在秘密策划谋害他们父子俩。

约翰吓坏了，他在自己的房间里焦急地走来走去，绞尽脑汁地要想出个摆脱困境的办法。见此情形，儿子问他到底发生了什么事情，约翰就把自己听到的事情一一告诉了儿子。

约翰的话还没有说完，儿子就怒火中烧地说："和他们拼了！"

约翰几乎是不假思索地否定了儿子的想法，他说："他们人多势众，一定会轻而易举地制服我们的！"

儿子很不甘心地说："那么，你难道要把珠宝交给他们？"

约翰说："即使把珠宝交给他们，为了杀人灭口，咱们也是没法活命的。"

过了一刻钟之后，约翰父子俩的船舱中传来了大声争吵的声音，而且约翰还怒气冲冲地跑到了甲板上。他边跑边喊："你这个蠢货！你总是把事情弄得一团糟，从来都不听我的忠告！”

儿子也不甘示弱地说：“老家伙，你从来都没有说出任何值得我听进去的话！”

当父子俩开始推推搡搡地彼此谩骂时，水手们都感到特别好奇，他们情不自禁地聚集到他们的身边。这时，约翰突然冲向自己的房间，拖出了珠宝箱。他歇斯底里地喊道：“你这个忘恩负义的白眼狼！我宁愿把财产扔到海底，也不愿意把它们留给你！”

说完这些话之后，约翰以最快的速度打开了珠宝箱，并且毫不犹豫地冲向栏杆，在别人阻拦他之前把自己的所有宝物全都投入了深不见底的大海。

片刻之后，约翰父子俩似乎从一个噩梦中醒了过来，看着曾经盛满珠宝而如今空空如也的箱子，他们绝望地躺倒在地，号啕大哭。后来，当他们单独待在自己的房间里时，约翰安慰儿子说：“儿子，要想保住性命，我们就必须这么做，除此之外，别无他法！”

儿子拥抱着父亲哭泣着说：“我知道，父亲，你是对的！”

轮船刚刚驶进码头，约翰就带着儿子找到城市的地方法官。他们指控了水手们犯了企图谋杀罪，为此，法官毫不犹豫地逮捕了那些水手。当法官问水手们是否亲眼看到约翰把自己的所有珠宝投入大海的时候，水手们还没有搞清楚状况，全都毫不犹豫地说的确看到过。因此，法官判决他们有罪。法官问：“假如不是面临失去生命的威胁，有谁能够心甘情愿地舍弃自己一生的财富呢？”最终，水手们不得不赔偿了约翰的所有珠宝。

在这个事例中，当生命受到威胁的时候，约翰父子毫不犹豫地放弃了自己所有的财富。确实，正如法官所说的，假如不是面临失去生命的威胁，没有人会心甘情愿地这么做。那么你呢？虽然过去那些痛苦的经历并非如珠宝一般使你难以放弃，但是，你却总是沉迷于痛苦之中无法自拔，任由它无情地吞噬你的生命。

宽心策略

为了生命，所有的财富都可以放弃，更何况是痛苦的过去呢！想明白了这一点，你就不要犹豫了，赶紧调整自己的心态，和那些痛苦的经历说再见吧！忘却也是一种放弃，也是在危急关头对自己的生命的一种成全和保护。

心情怡然放松，人才能健康快乐

人的一生，说长也长，说短也短。在对于人生的追求之中，每个人的目的都是不同的，有的人追求金钱，有的人追求功名，有的人就像闲云野鹤，什么也不想要，只是想享受那份自然和恬淡，更有人什么都想要，最终却毫无所获。其实，归根结底，在离开这个世界的时候，不管你是富可敌国的大富翁也好，还是有权有势的位尊之人也好，你所拥有的和一个贫穷的地位卑微的乞丐是一样的，即内心深处的感受。具体来说，也就是你曾经感受过的美好、幸福和快乐。假如领悟到这一点，你就会幡然醒悟，原来，对于人生而言，除了幸福的感受之外，一切都是身外之物，生不带来，死不带去。既然如此，我们还有必要因为一些身外之物而争得你死我活吗？由此可见，要想在离开世界的时候无怨无悔，就要尽量放松自己的心情，使自己变得更加健康，享受到更多生活的乐趣。

然而，放松心情说起来容易，做起来很难。好心情就像是一株娇艳的花朵，需要精心的种植和栽培。不仅要有肥沃的土壤，还要有充沛的阳光和甘霖的雨水，更要有一份宽容和豁达。在生活中，人的欲望更加复杂，不仅希望自己有至爱的亲人，而且希望自己有心灵相通的朋友和卿卿我我的爱人，这样一来，朋友可以陪伴你在生活和事业上志同道合，而爱人则能够与你携手相伴，在天愿作比翼鸟，在地愿为连理枝。假如你能够同时拥有这些陪伴自己人生之路的家人、朋友和爱人，并且拥有天时地利人和的生存条件，那么你无疑是幸福的。遗憾的是，这种完美的生存条件却是可遇而不可求的，只能尽量争取，却无法强求。

要想使自己拥有好心情，更健康，更快乐，尽情地享受生活，首先要戒骄戒躁，这样才能给自己一个更加美好的心情土壤来孕育好心情。众所周知，在生活中，人的欲望是无止无休的。假如你一不小心成了欲望的奴隶，被欲望所驱使和奴役，那么你就很难拥有好心情了。古人云知足常乐。由此可见，要想拥有好心情，首先要降低自己的欲望，清心寡欲，这样才更容易得到满足，不会被低俗的欲望所束缚。对于一个身患重病的人而言，能够活着看着孩子长大，赡养自己的父母，就是最大的幸福。对于一个贫困交加的乞丐而言，也许能够喝上一碗热汤饭、睡在屋檐下就是幸福。然而，对于健康人而言呢？大多数人租房的时候想买房，有了小房想换大房，有了大房想住别墅。一旦有了钱，还会觉得自己的糟糠之妻不能上台面了，迫不及待地想要将其罚下场去。如此循环往复，不仅无休无止，而且不断恶化。因此，我们可以得出一个结论，要想放松心情，首先并且最重要的就是降低自己的欲望，使自己懂得知足。

人的身体是一个非常奇妙的循环系统，很多时候，精神因素对于我们的健康起到了很大的影响作用。因此，我们应该调整好自己的心情，不要让心情起伏跌宕，经历喜怒哀惧。只有这样，我们的心情才会更加愉悦，我们的身体才会更加健康。现代社会，因为生活节奏的加快和生活压力不断增大，很多人都处于亚健康状态。此时，我们必须主动调节自己的情绪，这样才能坦然地面对生活中的坎坷和挫折。

老张今年48岁了，有一个儿子正在读大学。随着新的生产线投入使用，老张所在的纺织厂人员严重过剩，原本人人都有活儿干的时代突然之间一去不返了。看着明晃晃的纺织机器一刻不歇、昼夜不停地劳作着，很多老工人突然之间找不到自己的人生价值了。毋庸置疑，单位下一步就会裁员。得知这个风声之后，老张愁得寝食不安。假如下岗了，如何供养儿子上大学呢?

然而，愁归愁，很快，厂里就公布了第一批下岗人员的名单。老张因为年龄比较大、学历很低，所以名列榜首。拿着厂里给的几万元安置费，老张成天唉声叹气，不知道如何是好。正如人们常说的，屋漏偏遭连夜雨，不到三天，老张的血压就急剧升高，甚至起不来床了。这时，妻子安慰老张说："老张，事已至此，除了面对之外，发愁是不管用的。你看，我可以在小区门口摆个早点摊，这样一来，你的压力就没有那么大了。你可以慢慢地找份工作，等儿子上完大学啊，咱们就可以安享晚年了，你还发愁什么呢？儿子还有两年就大学毕业了，咱们怎么也能熬过去。"看着妻子坚定的眼神，老张的心里踏实些了。使他感到欣慰的是，妻子早点摊的生意非常好，很多邻居和过路的行人都成了老客户。老张原本要去找工作，但是早点摊的生意实在是太忙了，所以他只得去帮忙。一个月下来，出乎老张的意料，他和妻子忙活早点摊的收入远远比上班时高得多了。

正所谓人逢喜事精神爽，老张下岗一年多之后，非但供儿子上完了大学，而且还和妻子一起租下了一个门脸房，开了一家小饭馆。他的高血压也消失得无影无踪了。如今的老张，面色红润，腰杆挺直，虽然忙一点儿，累一点儿，但是见人就笑呵呵的，精神特别好，身体也很健康。

故事中的老张，因为下岗，血压急剧升高。然而，在生活的坎坷和挫折面前，所有怯懦的行为都是于事无补的。只有勇敢地站起来，迎难而上，才能够柳暗花明又一村，找到自己的人生价值，找到自己在社会生活中的位置。俗话说，人就活一口气，假如这口气泄了，那么人的精神就垮了。只要精气神还在，再大的困难也无法打倒我们！为了让自己的身体更加健康，为了拥有自己想要的人生，我们必须挺直腰杆，面对困难！

很多时候，只要心情好了，做事情就会非常顺利，假如总是愁眉苦脸，那么霉运也会与你结伴而行。所以，我们要学会用好心情驱散人生的乌云，笑对人生的风风雨雨。

相信自己，不因别人的轻视而看轻自己

很多成功人士之所以最终能够获得成功，就是因为他们在紧要关头能够坚定自己的想法，坚持做自己应该做的事情，所以才能有机会与成功相拥。而相比之下，有些人就像墙头草总是活在风中一样始终活在别人的评价之中，别人说什么他都不加判断和选择地相信，左摇右摆，没有主见。这种人很难成就大事，是放在人堆中就再也找不到的角色。

命运是不公平的，向来如此。有的人生下来就健康漂亮，有的人却天生长相丑陋甚至残疾；有的人有一个好爹好妈，为他安排好锦绣前程，使他不费吹灰之力就可以尽情地享受人生，有的人却生在贫苦人家，即使自己付出加倍的努力，也还是很难如愿以偿；有的人深受命运的青睐，不管做什么事情都一帆风顺，有些人却特别倒霉，喝口凉水都塞牙缝……假如你恰恰是那个倒霉蛋，你会怎么做呢？当命运放弃你的时候，你是放弃自己，还是坚定不移？要想改变命运，要想拥有成功的人生，即使别人全都看轻你，你也要坚定地相信自己。很多伟人都有坎坷的童年，但是他们成功的人生却在历史的长河中闪烁，就像那颗最璀璨的星星。他们为什么能够扭转命运？就是因为他们相信自己，

他们从不放弃。

威廉是一个香港男生，他的命运非常悲惨，刚刚出生就患上了罕见的皮肤癌。和大多数孩子拥有粉嫩的皮肤不同，他的身体上超过五成的皮肤都是黑素瘤，长满了斑点。面对这个孱弱的生命，医生曾经宣布他只能在这个世界上存活几年。然而，威廉就像一株顽强的野草那样，活过了5岁、7岁、11岁，最终，医生不再轻易地宣判他的生命只剩下多长时间了，只是每次都说他会比普通人短命。

如今，威廉已经是一个28岁的大小伙子了。医生对他说，虽然黑素瘤可以医治，但是他的黑素瘤是无法彻底治愈的。医生所说的彻底治愈指的是更换皮肤，大约需要十几年的时间。

最终，威廉决定用自己的方法与皮肤癌友好相处。他说："直至此刻，我发自内心地深爱着我的恶性黑素瘤，虽然我们经常一起经历生死。假如没有它，就没有今天的我，因此，我真心地感谢它，感激它陪伴在我的身边，成就了我。我想，我会一直与它活在一起，直至世界末日到来的时候。"

威廉从不做任何化疗，也不服任何药，他甚至已经习惯了享受身体出现病症而能够感觉痛的感觉。他觉得疼痛是人们与自己的身体沟通的一种方式，每一刻都感觉像与身体谈恋爱一样亲密而又美好。

由于大多数黑素瘤都没有毛孔，导致无法及时散热，因此威廉特别害怕热，他调侃自己就像狗一样。全身的瘤接触的时候都会觉得非常疼痛，甚至每走一步都会痛，像走在尖锐的石头路上似的。正是在这种疼痛的陪伴下，威廉不停地告诫自己，不管做什么事情，不管忍受怎样的痛苦，都必须坚定自己的信念———没有任何人应该被遗弃。

为了给癌友筹款，威廉应邀到希腊跑马拉松。他说："既然每一步都得来不易，那么就要把这感觉发挥殆尽，否则就白痛了。"即使命运对于威廉是如此的残酷，威廉还是非常感恩，他说："我特别幸运，因为我很小就相信有能力就有价值。人应该专注于自己的梦想，不要被世界的价值观所影响和左右。

我深信自己是有价值的，因为天生我才必有用。”

毫不夸张地说，承受着每一步都像是走在刀尖上的疼痛，威廉成就了自己，实现了人生的价值。他之所以能够积极乐观地活到今天，是因为他从来没有把自己和那些健康的人放在一起作比较，而只是坚定地做最好的自己。痛和自爱可以崇高地并存，这一点在威廉身上发挥得淋漓尽致。

即使整个世界都放弃了你，你也要坚持下去！

宽心策略

很多时候，打倒我们的不是别人，而是我们自己。只要我们的内心坚守着，就没有人能够让我们低下高昂的头颅。人生在世，没有任何人能够得到所有人的认可和肯定。一个人，即使再怎么优秀，也无法使所有人都感到满意，因此，我们最需要做的就是坚定地做自己，而无须过于在乎别人的看法。因为每个人都有自己的利益，所以每个人看待问题的角度和观点是截然不同的，这样一来，就算是同一件事情，不同的人看去也会有不同的见解。在这种情况下，我们不能强求别人一定要认可自己的观点，也不要委屈自己接受别人的观点。其实，事情没有绝对的对错之分，对错只是相对的。

心简单，你的世界就简单

有人曾经说过，这个世界上并不缺少美，只是缺少发现美的眼睛。同样的道理，在人人都抱怨人心叵测、世事难料的今天，我们也可以说，世界其实并不复杂，只是因为你看世界的眼睛不够简单。早在初中时代学习物理的时候，我们就了解到了眼睛之所以能够看到实物是因为折射的原理。其实，假如把这个原理上升到抽象的高度，也同样是适用的。如果你的心中充满了善念，那么你看到的世界就会是非常善良而美好的；假如你的心中充满了邪恶，那么你看到的东西就都是丑陋和邪恶的；假如你的心非常复杂，那么你看到的一切无疑都是复杂的，使人感到难以捉摸；假如你看世界的眼睛是简单的，那么世界就会在瞬间变得简单。

在生活中，充满着各种各样的烦恼和邪恶。然而，这一点儿都不妨碍有些人生活得简单而又快乐。但是，在同样的环境中，甚至是在更好的生存条件下，有些人却生活得很累，觉得整个世界都是居心叵测的。究其原因，在于人心的不同。作为成人，我们常常喜欢盯着婴儿的眼睛凝神细思。对于婴儿来说，世界无比简单，充满了爱，充满了美好。这是因为婴儿有着一颗赤子之心，心无杂念。同样的一个世界，在成人眼中折射出来的形象截然不同，充满了尔虞我诈、勾心斗角。由此可见，要想使世界变得简单，首先要使自己变得简单，最重要的是要有一颗赤子之心。

正如《三字经》所云，人之初，性本善。刚刚来到这个世界上的婴儿，就像是一张洁白无瑕的纸，染黑则黑，染黄则黄。刚刚步入社会的大学生们，也像是一页白纸，没有任何社会经验。所不同的是，婴儿不加选择地接纳这个世界，而大学生们则已经有了辨别是非的能力。即使这样，也无法阻止这些大学生被社会的大染缸染得五颜六色。刚开始的时候，每个人都揣着一团火，面对着这个社会。然而，在经历了各种各样的事情之后，绝大多数人都妥协了，为了生存，为了更好地生活。只有少数人，还在坚持着自己的梦想，还在坚持着自己做人的原则，即使遍体鳞伤，也从不后悔。这样的人，会永远有着一颗赤子之心，他们不会轻易地抱怨，只是默默地接受，发自内心地感恩。这样的人是简单的人。假如这种人多一些，那么世界就会变得更加简单一些。你也想得到一个简单干净的世界吗？那么，首先使自己变得简单起来吧！很多事情并非牵涉到原则性的问题，黑或白，对或错原本没有那么重要，重要的是你内心深处的感受。

穿行在周庄古镇之中，无意之间发现一家极具特色的银饰店。店面不大，摆放着很多做工精细的手镯、项圈、发簪等饰物，古朴雅致，韵味天成，使我爱不释手。在琳琅满目的商品之中，我眼前一亮，一个缠枝莲图案的苗银手镯映入我的眼帘。

经过一番讨价还价之后，我和店主说定以72元成交。我迫不及待地把镯子戴在手腕上，同时，掏出一张百元大钞付账。店主在腰包里摸索了一番之后，不好意思地笑了笑，说："对不起，没有零钱找给您，您稍等片刻，我去换一下，马上就来。"店主说完转身就走，踏着青石板路径直朝巷子深处走去，剩下我一个人守着这个银饰店。

我守在原地等候着，然而，五分钟过去了，店主还是不见踪影。

导游不耐心地催促说："赶紧跟上，不要掉队。"同行的朋友也好心地提醒我："她可能是故意以换钱为借口躲开了，因为假如你等不及了，也许就会自己走开。对付这种人很简单，你只要再拿她一个镯子就扯平了，也算给她一个教训。"看着这些古朴的银饰，我笑着摇了摇头。

导游催促得太急了，我只好跟随团队走过沈厅，踏过双桥，沿着水巷继续一路前行。突然之间，我听到身后有人在喊："小妹，等一下。"我转过身，看到店主正在气喘吁吁地向我跑来。

店主是一个年轻的女子，她的额头上渗出细密的汗珠，一边喘着粗气一边说："跑了几家店铺才换开，回来才发现你已经走了。这是找你的28元，你点一下吧。"

我不好意思地笑了，为自己没有等待店主而羞愧："我以为……"没等我说完，店主就爽快地打断我的话说："钱可买不来咱们这里的声誉。"

我从心底里泛出欢喜，不仅因为失而复得的28元钱，更是为店主的善良与守信。

也许，她只是众多店主中的一个，但是，她的言行就像一滴水一样，折射出这座古镇的珍贵品质。即使岁月流转，多年以后，我依然会清晰地记起这充满诗意的一幕。

在这个事例中，虽然“我”刚开始的时候选择信任店主，但最终还是没有坚持自己的信任。然而，气喘吁吁地跑来给我送钱的店主使“我”对于人性恢复了信心。店主说得对，钱买不来声誉。在这个世界上，有很多东西都比钱更加重要。而“我”呢？我在赤子之心与对人心险恶的怀疑之间游走，事实证明，以简单的心看待世界将会得到更多的快乐！事情的结局是完美的，曲折的经过更恰恰证实了人性的美好！

宽心策略

也许，多年以后“我”已经记不清楚周庄的美景，但是一定会记得这在小桥流水人家之间发生的一幕！要想拥有简单的世界，要想使别人简单地对待你，你首先要洗涤自己的心灵，使自己变得简单起来。

第13章

宽心是一种缘分：不困于执念，一切顺其自然

活着，有的时候是很无奈的。很多事情，并非总是能够顺心如意。假如生活使你遭遇不幸，那么你会怎么办呢？与命运抗争固然是一种值得提倡的活法，然而，顺其自然、随遇而安也是一种至高的境界，并非人人都能够达到。执念是一种负累，往往使人们不堪重负。随缘能够使人们不再被执念所缠绕，生活得更加无忧无虑。

脚踏实地，不做好高骛远的人

每个人都希望自己的生活无比精彩，都希望自己的人生能够一帆风顺，然而，事实往往不尽如人意，使人在欢喜之余增添了无限的烦恼和遗憾。其实，要想使自己不再烦恼和遗憾，并非只有如愿以偿一种办法，也可以降低自己的欲望，不再痴心妄想。这样一来，你自然会觉得凡事都顺心如意，生活处处得心应手。何谓痴心妄想？指的是愚蠢荒唐、无法实现的心思和想法。要想使自己生活得更加快乐，就要正确地评估自己的能力，使自己能够扬长避短，奔向那些经过努力能够实现的目标。这样一来，自然不会因为无法实现自己的梦想而感到失落和绝望。

众所周知，天上不会掉馅饼，更没有不劳而获的好事。所以，在生活中，我们应该首先树立远大的理想，然后为之不懈努力。做人的首要原则就是脚踏实地，要想成功，就必须历经千难万险，经历各种各样的磨难。与此相反，痴心妄想、好高骛远的人终将一事无成。

张三是一个贫穷的乞丐，过着食不果腹、衣不蔽体的生活。即便如此，他也不愿意脚踏实地地干活，整天做着发财的白日梦。

一天，张三在闲逛的时候偶然捡到一个鸭蛋，他喜出望外，狂奔回家告诉妻子："我有财产了，我有财产了！"妻子赶紧放下手中的活计，奔过来问：

“什么财产？”张三小心地把捡来的鸭蛋给妻子看，说：“喏，只要十年，这个鸭蛋就会给咱们带来丰厚的财产。”妻子不解地问：“一个鸭蛋？还要等十年之后。岂不是成了臭蛋了？”张三哈哈大笑，向妻子解释说：“我拿这个鸭蛋去找邻居，借他家正在抱窝的鸭子孵它。等小鸭子孵出来了，我就可以从中挑个母鸭。鸭子长大后就可以下蛋，一个月又能孵出十几只鸭子下来。如此循环往复，十年之间，鸭生蛋，蛋生鸭，等到咱们有了足够多的鸭子，就可以卖钱，然后买一头母牛。然后，再让大牛生小牛，要不了两年，小牛也会成倍地增长，给咱们换来很多很多钱。咱们还可以拿着这些钱去放高利贷，利滚利，钱也能够生钱。这样一来，咱们不仅可以锦衣玉食，还可以建造一栋大房子，在其中安居乐业。咱们还可以用这些钱雇佣奴仆伺候咱们，或者买个小妾伺候你。这岂不很快活吗？”起初几句话妻子听得还高兴，到了最后几句话，妻子一听到小妾就怒火中烧，冲着张三怒吼：“你居然还想买小妾？这个鸭蛋哪里是财产啊，简直是个祸根！”说着，妻子一扬手把张三小心翼翼捧着的鸭蛋打碎了！张三看着自己未来的好生活变成了一场空，开始打妻子，并且跑到县衙告状，请求县官允许他杀死这个败家娘们。县官得知事情的原委之后，不由得暗自好笑。为了教训张三，他下令架起油锅，将油烧得滚开，并且要把妻子投入油锅之中。见此情形，妻子吓得面无人色，号啕大哭。妻子为自己辩解：”县官老爷啊，我冤枉啊，我丈夫说的一切都没有成为事实，我何罪之有呢！县官老爷说：“既然如此，小妾也并没有买进家门，你为什么要把鸭蛋打碎呢？”妻子说：“虽然道理如是，但是鸭蛋终究是个祸患啊！”县官老爷听了之后一笑置之，把妻子放走了。

因为一个捡来的鸭蛋，差点儿导致一场人命关天的血案。实际上，这一切原本就只是痴心妄想而已，一个做着白日梦，把虚妄当成是触手可及的现实，一个还因此而大发脾气，一气之下打碎了无辜的鸭蛋。在这个故事中，丈夫和妻子真是又可笑又愚蠢。

宽心策略

在现实生活中，我们应该脚踏实地地生活，不要痴心妄想。例如，一个人因为自己其貌不扬，就整日幻想着自己能够变得漂亮一些，甚至砸锅卖铁地去整容，其实，与其这样，还不如坦然面对，增长自己的才识，发挥自己的长处；有些人家境贫穷，非但不奋发图强，反而天天买彩票，幻想着自己能够中得百万大奖，彻底改变贫穷的生活……这些都是痴心妄想的表现，实现的概率几乎为零。很多时候，要想避免痴心妄想，我们就要正确地认识自己，客观地评价自己，这样才能扬长避短，充分发挥自己的特长和能力，创造美好的生活。

过程中努力了，就无须强求结果

橘生淮南则为橘，橘生淮北则为枳，这是为什么呢？究其原因，是因为环境发生了变化，从而使橘结出来的果实截然不同，通俗地说，就是水土不同，结果不同。其实，人生也像橘一样，因为环境的改变，人生也会走上完全不同的轨迹。现代社会，瞬息万变，发展速度非常快，从而导致人们所处的环境也发生了翻天覆地的改变，我们该如何面对呢？对于任何人而言，人生都不会是一帆风顺的，总是有苦有甜，有坦途也有坎坷，这也就是人们常说的“不如意之事十有八九”。从某种意义上来说，人生就像是一望无边的大海，有的时候平静如镜，有的时候掀起滔天巨浪，使人惊心动魄。而且，这种由平静到动荡不安的改变并非是人力所能改变的，很多时候只能尽人事听天命，那么，最好的办法就是随遇而安。习武之人讲究以不变应万变，这个法则同样适用于人生。在不如意事常存、瞬息万变的环境中，我们要想放松心情，坦然地面对自己的人生，唯一的方法就是随遇而安，顺其自然。

所谓随遇而安，从某种意义上来说也是一种借势。在面对生活赐予的磨难的时候，很多人选择迎难而上，拿出一种不达目的誓不罢休的劲头与生活抗争。然而，更聪明的人知道借势，知道如何在保护自己的同时实现自己的目的。有的时候，并非只有同归于尽才能实现目标，皆大欢喜也同样是一种很好的结局。懂得随遇而安的人大多数都知道借势的道理，和逆水行舟比起来，他们更擅长随波逐流，保存体力和精力。大文学家苏东坡曾经多次被流放，但是，只要看到明月与松柏，他就会觉得心情豁然开朗。松柏和明月随处可见，但是却鲜有人拥有苏轼的豁达心胸。只要心胸开阔，即使环境再怎么改变，即使找不到松柏与明月，相信苏轼也能够找到其他使自己豁然开朗的东西。这就是随遇而安的力量！面对艰难的生活，最富有的人并非是腰缠万贯的人，而是能够随遇而安地顺应环境和际遇的人。

很久以前，一个老和尚和一个小和尚住在山中的寺庙里。小和尚看着寺庙中光秃秃的地面，觉得很难看，所以就去问老和尚可否买点儿草种种下。老和尚漫不经心地说："可以，等哪天我下山去集市的时候带些草种子回来。"转眼之间，已经过去了几个月的时间，老和尚在一天傍晚从山下带回来一些草种。老和尚把草种交给小和尚，让他种在院子里。小和尚兴冲冲地拿着草种，走到院子里的时候，不小心被一块石头绊倒了，手中的草种撒了很多。小和尚正在伤心的时候，老和尚说："随遇！"小和尚释然了，当他正准备收集地上的草种子的时候，一阵风吹来，草种子吹得满院子都是，老和尚说："随缘！"最终，小和尚把仅剩的一点儿草种子种到了院子里，但是很多麻雀都来吃草种子，老和尚安慰小和尚说："被麻雀吃掉的种子都是浮在土上的，肯定不够结实饱满。"次日清晨，小和尚被小雨的声音惊醒了，他不知所措，担心草种都被雨水冲走，但是老和尚却淡定地告诉他："随安！"冬去春来，一天清晨，小和尚突然惊喜地发现院子里长满了茵茵绿草，期间还夹杂着一些娇艳的鲜花。他喜出望外，赶紧一蹦三尺高地跑去报告老和尚，老和尚依然波澜不惊地说：“随喜！”

老和尚所说的随遇、随缘、随安、随喜几乎囊括了我们的人生，假如能够做到这四点，那么我们就可以坦然面对人生的起起伏伏，从而拥有“随遇而安”的心态。如此一来，我们的人生自然会变得更加恬淡和宁静。

宽心策略

人生是一趟未知的旅程，我们很难预知自己的一生将会遇到什么。很多时候，环境往往不尽如人意，关键在于个人如何面对逆境。有些事情我们可以尽力而为，但是却无法强求结果，当意识到人力无法改变的时候，反而不如面对现实，随遇而安。很多时候，逆水行舟带来的是两败俱伤，因势利导是一种更为明智的选择。聪明人懂得利用既有的条件为自己创造最美好的生活，尽情享受生活的赐予。

追求过度对自己是一种折磨

在生活中，我们常常赞赏某人非常执着，从不放弃。殊不知，很多时候，过分追求对自己是一种折磨。追求的目的是为了实现自己的目标，使自己获得满足感和成就感，然而，假如为了追求而追求，那么你就会发现追求非但无法给你带来快乐，反而会使你陷入进退两难的境地，甚至还会成为生活的绊脚石。现代社会，很多人因为自己的追求而陷入痛苦之中无法自拔。针对这种现象，耶鲁大学的心理学教授高兰·沙哈博士如是评价，“这是一种‘流行病’，我们所处的社会对人们提出的要求就是：不断做出成绩”。正是在这种心理的驱使下，越来越多的人陷入追求的怪圈，就算事情最终获得成功，他们也很难得到快乐，因为他们开始考虑以后能否获得成功。1996年，纽约大学的心理学家乔丹·弗莱特和英国哥伦比亚大学的临床心理学教授保罗·海威特共同对103位抑郁症患者进行观察和研究，结果显示，这些患者对自己的要求非常严格，最终导致越来越抑郁，患上抑郁症。

尽管有些执迷于追求的人最终获得了成功，但是，由于他们所获得的成就其实不是在最好的状态下出现的结果，因此可以推断，假如他们能够放开追求的执念，放松心态，也许能够获得更大的成功。他们过于追求完美，因而总是感到沮丧和失望，这样一来，就延迟并且降低了他们的行动能力，导致错失良机。相比之下，一个心态健康的人反而更能够持续保持稳定的状态，这样一来，能够灵活地处理突发情况，客观地对待挫折和困难，激发出自己的最大潜力。

蓝秋是一个完美主义者，不管是在生活上，还是在工作上，她事事都喜欢追求完美：生活安排得井井有条，从来没出过任何差错；工作得心应手，游刃有余；善于处理人际关系，与上下级友好相处；多年来，始终保持苗条的体态，体重上下浮动的幅度居然精确到1斤……

这样一个人，在别人眼中无疑是非常完美的，人们很难想象她有什么不如意。然而，蓝秋的幸福指数却很低，她总是觉得自己的生活一点儿也不成功，而且简直是一团糟糕。为此，蓝秋求助于心理医生。在和蓝秋的接触和交流中，心理医生发现蓝秋特别在乎别人的看法，内心深处非常渴望自己能够成为一个完美的人。有的时候，她明明已经做得很好了，但是只要有一个人没有给予她好的评价，那么她马上就会感到局促不安；而假如别人高度赞扬她，或者公司奖励她出色的工作表现，她又会自谦说是因为对手太弱了；更加糟糕的是，在巨大的心理压力下，她开始暴饮暴食，这可不是个好苗头！

蓝秋因为与老公感情不和在三年前离婚了，恢复单身生活之后，她也曾经想过再去寻找一个人生伴侣。然而，约会的问题却使她无比头疼。定下约会的时间之后，她会用整整几个小时的时间试衣服，却又觉得哪一件都不适合自己；她还会用几个小时的时间做头发、化妆，但最终却因为不满意而万分沮丧地取消了约会。因为这个原因，她始终没有找到人生伴侣。针对蓝秋的这种情况，心理学家建议她素面朝天地穿着家居服外出购物。起初，蓝秋非常难受，总觉得别人在注意她，对着她指指点点。但是，她在商场里逛得起兴，自己都忘记了自己是素面朝天、不修边幅地逛街，这才发现原来根本没有人注意到她化没化妆，穿着什么衣服。

经过一段时间的治疗之后，蓝秋渐渐放松了自己的心情。每天下班回家之后，她会如释重负地脱掉鞋子赤脚走在地板上，每到周末的时候她会整天地蓬头垢面，在家里尽情地放松自己，无拘无束。随着心理治疗的深入，蓝秋在工作上也发生了很大的变化。她不再认为自己无论如何都还要继续努力，而是开始尝试着给自己一些小奖励。每当完成一项工作的时候，她会给自己放个假，或者是给自己买份一份巧克力冰激凌。如今，她已经不会再在约会前神经质地打扮自己，而是崇尚清水出芙蓉，天然去雕饰的美。她说，自己要找的是一个心灵的伴侣，而不是一个只会欣赏美貌的男人。

在这个事例中，蓝秋无疑是过于追求完美了，以至于自己处处受累，无法放松。幸运的是，在心理医生的指导下，她采取了积极有效的手段，使自己回归到自然的生活状态。如今，生活节奏越来越快，生存压力越来越大，很多人都和蓝秋一样追求极致的完美。甚至有些严重的抑郁症患者还会走上自杀的道路，后果严重。

宽心策略

其实，在生活中，有很多事情值得我们去追求，诸如金钱、权利、美食等。不管是追求什么，都要适可而止，一旦过度，就会陷入病态之中，使自己的心灵深受折磨。

坚守己心，做自己想做的事情

大文豪托尔斯泰曾经说过，大多数人都想改造这个世界，然而却很少有人想改造自己。正如世界上没有完全相同的两片树叶，世界上同样也没有完全相同的两个人。每个人都是一个独特的个体，都有自己的特性和精彩的内心，所以，佛家说，一人一世界，一叶一菩提。在这个世界上，有无数的成功人士，也有无数失败的人生。纵观古今中外不难发现，大凡成功人士，都能够坚守自己的内心，做自己想做的事情，从不放弃。而失败的人呢？总是随波逐流，人云亦云。其实，人没有必要盲目地模仿别人，因为别人的成功经验是不可复制的，因为你不是他。假如成功仅仅是复制这么简单，那么也就无所谓成功了。每个人都有自己的活法，我们无须羡慕别人，只要做最好的自己就可以了。

有些人把自己看得很低，低到尘埃里，殊不知，他根本没有意识到自己的独特，而一心只觉得别人是最优秀的。这种人很难获得成功，因为成功不会青睐一个不自信的人。俗话说，三百六十行，行行出状元。但是，社会上却有很多人因为自己的职业感到自卑。实际上，不管你的性格如何，不管你的特长是什么，也不管你所从事的是什么工作，你都应该顺应自己的内心，活出属于自己的精彩。很多人只注重生命的长度，而忽视了生命的宽度，终其一生，碌碌无为。对于每一个人而言，最重要的是如何在有限的生命中释放自己无限的精彩，这才是重中之重。仔细回想一想，你能够记起谁？很多人都是你生命的过客，匆匆走过，不留痕迹。然而，有些人却使你记忆犹新。例如，一个理发店的师傅给你理了一个好发型，你也许几年都念念不忘，甚至直到老年翻看相册的时候依然能够想起他；有的陌生人在雨天的时候给你撑起了一把伞，使你每当遇到雨天的时候都会想起那份久违的温暖……你也许会发现，让你记忆最深刻的往往不是名人伟人，而是那些感动你的内心的人。他们为什么给你留下了如此深刻的印象？究其原因，是因为他们顺应自己的本性，虽然卑微，但是却活得很精彩。在自己的天空中，他们是最闪亮的星星。

张华刚刚30出头，就像是一颗熟透了的樱桃，浑身散发出成熟女人的无穷魅力。她有很多追求者，其中不乏事业有成的钻石王老五。但是，张华最终决定嫁给自己的老板。如此一来，同事们传开了流言飞语，说张华之所以选择嫁给一个五十多岁的老头子，就是为了贪图财产。只有张华自己知道，她之所以嫁给自己的老板，纯粹是因为爱情。

张华的婚姻遭到了父母的强烈反对，而且遇到了来自老板的儿女的巨大阻力。然而，张华不离不弃，始终坚持自己的选择。转眼之间，十几年过去了，张华成了风韵犹存的半老徐娘，而老板则已经六十多岁了。这么多年来，老板也以为张华的爱情不够纯粹，为了更好地照顾前妻留下的儿女，老板与张华约定不生孩子。然而，到了四十多岁的时候，张华突然改变了想法，急迫地想要一个属于自己的孩子。老板很不理解，也不支持，再三强调他们有言在先。突然有一天，张华抛弃了所有的财产人间蒸发了。一年之后，老板接到通知，在医院里见到了奄奄一息的张华和一个襁褓之中的孩子。原来，张华发现自己怀孕了，她选择了离开，拥有一个只属于自己的孩子。然而，随着腹中胎儿的长大，她的卵巢囊肿也不断长大，而且在孕激素的刺激下变成恶性的了。老板痛哭失声，他终于知道张华是爱自己的，和金钱没有任何关系。张华的离开使所有人都觉得无比悲痛，她就像夏花一样，选择在最灿烂的时候凋零，给人们留下了一个绝美的转身。

也许很多人都不理解，张华为什么为了生下这个孩子而宁愿付出自己的生命。殊不知，这是一个女人的本能，对于她而言已经拥有了一切，而唯一缺少的就是一个和自己血脉相承的孩子，是能够代替自己活在这个世界上的生命。因此，她勇敢地做出了选择，用生命为代价把一个新生命带来了这个世界上。在很多人扼腕叹息的同时，也有很多人非常佩服张华的勇气。这最后的绽放，使张华把自己最美的形象留在了世界上。

宽心策略

每个人都有属于自己的独特人生，我们无须和别人比，更不用模仿别人，而只要倾听自己内心的声音。在人生的选择面前，假如你不知道应该如何做，那么就请静下来，认真地听一听自己内心的声音。归根结底，你是为自己而活，而不是为任何人。一个人的人生，即使是整个世界感到满意，而自己却不甘心，那也是不成功的；反之，一个人的人生，即使整个世界都不满意，而自己却无怨无悔，那么也是成功的！

爱情是休憩的港湾，别把它变成一种负累

人是感情动物，没有人能够脱离感情而生存。在生活中，每个人都向往蜜里调油的爱情，向往卿卿我我和海誓山盟的幸福场景。然而，即使是再美好的感情，一旦过度，也会变成一种负累，使人不堪重负。为此，曾经有人说过，爱一个人，只要七分就可以了。如果太爱，就会失去自我，处处以对方为中心，方寸大乱；如果爱得不够，又无法达到浓情蜜意的程度，使爱情变得寡淡无味。因此，就得出了相爱七分最好的观点。其实，还有一点，即假如太爱一个人，就会使对方觉得是一种负担，因而产生想要逃跑的冲动。由此可见，要想牢牢地拴住一个人，就要把握好爱情的度，不要使爱情变成一种沉重的负累。正是出于这个原因，有人说爱情就像放风筝，假如线放得太长，那么风筝就会飞得太高，摇摇欲坠；假如线放得太短，那么风筝又会被扯得太紧，最终扯断线一去不返。因此，放风筝必须把握好线的长度，使风筝既能够自由地飞

翔，又不至于一去不返。

也许有人会说，爱情是一件那么美好的事情，怎么会成为负累呢？实则不然。即使是再好吃的东西，假如天天吃，也会生厌；即使是再美好的感情，也禁不住寸步不离的相守和纠缠，香饽饽就变得不招人稀罕了。因此，人们才会说，爱情需要距离。很多夫妻恋爱的时候如胶似漆，几年之后，因为彼此之间过于熟悉和亲近，所以没有任何新鲜感和神秘感，最终导致分道扬镳。还有的人占有欲非常强，爱一个人就要强占对方的整个心灵，试问，谁的生活里能够只有爱情呢？生活是复杂的，人的感情也有多元化的需要，除了爱情之外，我们还需要亲情、友情的滋养，这样才能够使生活过得有滋有味。

要想避免爱情成为负累，首先要把握好交往和相处的尺度，即使是夫妻，也应该保留一些私人空间，这样才能够做到收放自如。其次，还要彼此信任和尊重。如今，人们越来越希望能够有一个属于自己的隐私空间，即使是最亲密的爱人，也最好不要轻易涉足这个私密空间，以便给对方留下余地，静静地思索人生。最后，爱一个人，还要爱对方的家人和朋友，这样才能使他更加放松地与你相处，使爱情变成一种享受，而不是令他受夹板气两头不讨好。自古以来，婆媳问题始终是个难题，无数的男人为此困惑，不知道怎样才能处理好婆媳之间的关系。很多人都看过《双面胶》，应该知道婆媳大战中最受伤的就是男人。因此，作为女人，假如深爱一个男人，一定要好好与婆婆相处，这样才能长久地拴住男人的心。如果是男人，就要学会讨岳父母的欢喜，这样女人自然就会觉得更加幸福。其实，恋人和夫妻的相处之道还有很多，总的原则就是把握好度，给对方留下私人空间，设身处地地为对方着想。

晓娟是小学教师，学历不高，不过，她老公却是处级干部，不仅人长得风流倜傥，而且官运亨通。眼看着自己一年年地人老珠黄，但是丈夫在官场上却风生水起，晓娟倍感压力，越来越没有安全感。

人在官场，身不由己，晓娟的老公几乎每天晚上都有应酬，天天都大半夜才回家。刚开始的时候，晓娟还会坚持等到老公回家再睡觉，但是日久天长，她甚至不知道老公是何时回家的。就这样，俩人之间的交流和沟通越来越少，感情也越来越生疏。一个偶然的机会，晓娟听一个哥们说在舞厅看到她的老公和一个女人在一起，不由得大吃一惊。截至目前为止，她还从来没有担心过老公会搞出男女关系方面的事情来呢！尽管老公再三解释说是一个多年不见的老同学，偶然遇到的，但是，自此以后，晓娟就上心了。每天半夜，她都会偷偷地起床翻看老公的手机，而且洗衣服的时候翻来覆去地检查老公的衣服，生怕漏掉任何蛛丝马迹。一天早晨，晓娟洗衣服的时候突然发现老公的衬衫领子上有一根黄黄的长头发，她不由得怒火中烧，当即质问老公。老公说可能是吃饭的时候衣服放在饭店的沙发上沾上的，但是晓娟根本不相信。因为这次冲突，晓娟变本加厉，她甚至还玩起了跟踪的把戏。一次，她发现老公和一个陌生女人进了一家饭店，气得大吵大闹，甚至吵到了老公的办公室。

这一次，老公终于忍无可忍，选择和晓娟离婚。要知道，对于男人而言，最重要的就是面子，一旦撕破脸皮，还有什么可顾忌的呢？直到离婚当天，晓娟的老公仍然坚持说自己是清白无辜的，说自己之所以选择离婚，就是因为无法忍受晓娟的猜忌。晓娟当然不信。然而，一晃过去了几年，晓娟的老公还是孑然一身，晓娟不由得开始怀疑自己是否误会他了。果不其然，很多朋友都证实了这一点，晓娟万分后悔。

原本是非常幸福的家庭，就因为捕风捉影的猜忌，家就散了。虽然晓娟最终意识到自己误会了老公，但是却已经无法挽回了。对于夫妻而言，信任和尊重是最基本的，千万不能因为无端的猜忌而伤害对方的心，使对方不堪重负。如今，人们在社会上生存已然是非常艰难，假如回到家中再绷紧神经，得不到放松，那么就会更加疲惫不堪。爱情就像放风筝，晓娟无疑是把线给扯断了！

宽心策略

不管是女人还是男人，一定要充分信任和尊重自己的人生伴侣，这样才能

放手，是给自己一个重新开始的机会

小时候，父母总是因为担心我们长蛀牙而控制我们吃糖，原本以为长大以后就可以随心所欲地吃糖，自由自在、无拘无束地生活，却发现自己依然受到很多条条框框的限制。和小时候一样，虽然离开了父母的怀抱，但是我们依然无法想要什么就能够得到，有的时候，那些美好的东西就在眼前，近得触手可及，但是我们却无法得到。在这种情况下，你会怎么做？眼睁睁地看着，死死地盯着，还是自己得不到也不让别人得到？不管是哪种方式，都是一种牵挂，都会使自己的心灵禁锢，最正确的做法是放手，只有这样，你才能彻底地解脱，开始自己的新生活。

在这个世界上，美好的东西有很多，然而，没有人能够全部拥有。在人的一生之中，总是在不停地面临着取舍，是要吃糖还是要健康的牙齿，是要学历还是要经验，是要高工资还是要更好的发展前景，是要爱情还是要婚姻，是要浪漫还是要踏实……在人生的每一个阶段，我们都在进行艰难的抉择，因为人生是没有十全十美的，必须有舍有得，必须做出选择。然而，有些东西我们可以决定要还是不要，而有些东西则是求之而不得。例如，爱情。我们经常听说某人因为女友提出分手就把对方毁容了，或者是残忍地杀害了，其实，这不是真爱，真爱不是自私，而是成全。假如真的爱一个人，你就不会非要占有她，而是希望看着她得到自己想要的幸福生活。在这个时候，你最应该做的就是放手，放手就是一种成全。再如，在职场上，很多时候，千载难逢的好机会只有一个，也许大家都想得到，那么，得不到的人如果能够选择放手，选择成全别人，其实也是解脱了自己。

尔康从大学时代起就喜欢林倩。不过，他从来没有表白过。尔康是农村孩子，在这个熙熙攘攘的大都市中，他总是觉得自己无比渺小，无比卑微。他总是远远地看着林倩，直到有一天，林倩主动邀请尔康一起去阅览室，尔康才知道林倩对自己也是有好感的。他们的感情进展很顺利，大四的时候就已经正式确立了恋爱关系。

然而，随着步入社会，他们原本顺利的恋爱也随之出现了一些波折。在父母的帮助下，林倩留校了，担任辅导员的工作。尔康呢？因为没有任何关系可托，又不愿意回到家乡，在一家民营企业做销售工作。转眼之间，他们的人生轨迹完全不同了，等待林倩的是被保送读研，只要愿意，一辈子都可以留在象牙塔之中。尔康却不得不面对残酷的现实社会，为了温饱而辛苦地奔波。大学毕业一年之后，林倩的父母知道了林倩和尔康的事情，表示坚决反对。他们希望女儿能够在大学校园里找到一个志同道合的人生伴侣，安稳地度过一生。为此，林倩的父母偷偷地找到尔康，苦口婆心地劝尔康放弃这段感情。此时，林倩也有些犹豫，毕竟，谈到婚姻的时候，需要面对的问题很多，尔康除了承诺之外却一无所有。经过再三考虑，尔康选择了放手。他希望林倩幸福。

大学毕业十年聚会的时候，林倩已经随着老公去了美国深造。听到这个消息的时候，尔康无比欣慰。他也有了自己的家庭，有了一个愿意与自己同甘共苦的妻子。回想起来，尔康不禁感慨道，放手，在成全别人的同时，也是成全自己。

宽心策略

婚姻并非是两个人相爱那么简单的事情，往往受到很多因素的制约。也许有人会指责尔康不够坚持，没有争取，然而，结局却是皆大欢喜。尔康找到了愿意与他一起奋斗的人生伴侣，林倩也找到了自己爱情的归宿。很多事情，我们所预见到的未必就是最好的结局，事情也不一定会朝着我们预想的方向发展，与其这样，在一方有所动摇的时候，不如果断地选择放手，这样还可能会有更好的结果。

其实，不仅仅爱情如此，生活和工作中的很多事情都是如此。放手，在给别人机会的同时，我们也为自己争取了更多的机会和可能。

第14章

宽心是一种领悟：拥有一双发现新世界的眼睛

一千个人的眼中就有一千个哈姆雷特，每个人眼中都有一个独特的世界。因为看待世界的角度不同，你会发现世界的美也呈现截然不同的色彩。你希望看到怎样的世界，就要使自己拥有怎样的视角。我们无法改变世界，但是可以让自己具备一双欣赏世界的眼睛。

生活的美好靠体悟，闲适的人生要享受

每个人都有自己的生活方式，有的人整日忙忙碌碌，四处奔波，忙得没有时间照顾家庭，没有时间体味爱情，更没有时间悠闲地享受生活。当身体终于因为不堪重负而罢工的时候，他们才突然领悟到人生的真谛，意识到自己的忙碌其实没有太大的意义。相比之下，有些人则过着安逸悠闲的生活，充分地享受人生，享受美好的生活。尽管没有那么忙碌，尽管拥有的不多，但是他们的幸福感却非常强。这是为什么呢？主要是因为这两种人对待人生的态度不同。

人生就像一趟旅程，不知道何处是终点，最重要的在于享受过程。既然如此，其实我们没有必要使自己匆忙地往前奔，偶尔停下来，欣赏沿途的美景，岂不是一种收获？很多富人在离开这个世界的时候都觉得很后悔，因为他们觉得自己的一生始终在忙于追求财富，终了才知道财富是身外之物，因而后悔没有抽出更多的时间陪伴自己的家人，陪伴孩子的成长。那么，对于人生而言最重要的到底是什么？虽然每个人都有不同的答案，但是有一点是肯定的，即并非拥有身外之物。所谓身外之物，指的是金钱、财富、物质。假如把金钱作为单纯的人生目标，那么即使拥有再多的钱，人生也必然是苍白的。相比之下，如今很多世界级的富豪都把自己的钱财用于做善事、救助需要帮助的人们，以

此实现自身的价值，这远远比一味地挣钱更有意义。例如，美国著名投资理财专家巴菲特在遗嘱中宣布，将会把自己超过300亿美元的个人财产捐出99%给慈善事业，以便能够为计划生育方面的医学研究提供资金以及为贫困学生提供奖学金。世界首富比尔·盖茨也在遗嘱中宣布拿出98%的财产给自己创办的以他和妻子名字命名的“比尔和梅林达基金会”，这笔钱专门用于研究艾滋病和疟疾的疫苗，并且为世界贫穷国家提供各种各样的援助。因为这种公益行为，比尔·盖茨和巴菲特更好地实现了自己的人生价值，体味到了生命的真谛。当然，我们只是普通人，没有显赫的家产可以去大范围地救助别人，但是，我们仍然可以更好地安排自己的生活，不要盲目地往前冲，而应该用心地观察这个世界，了解人性的美好。很多时候，不仅仅是陌生人，我们身边的亲人也需要我们的关心，假如因为忙碌而忽视了他们，那么无疑是最大的损失。

自从大学毕业之后，为了创造美好的生活，明达就像是上紧了发条的闹钟一样，一刻不停地滴滴答答地走着。毕业第三年的时候，他就凭着自己的努力成了“房奴”，毕业第六年的时候，他给了女友一个盛大的婚礼，使其成为自己的妻子。结婚次年，他成了“孩奴”，紧接着为了便于带孩子出行，他又成了“车奴”。“房奴”“孩奴”“车奴”，就像是三座大山一样压在他的心上，使他一刻也不敢停歇。因为是做业务的，为了提升自己的销售业绩，他不断地公关，到处请客户吃饭、唱歌，每天都要到凌晨的时候才回家。

对此，他的妻子杜梅几次提出了反对的意见。然而，明达以人在江湖，身不由己为借口搪塞了。杜梅每天一个人辛辛苦苦地带孩子，而且还要操持家务。最重要的是，因为明达回家的时间很晚，所以与杜梅之间的交流越来越少，在不知不觉之间，杜梅的情绪越来越压抑，甚至到了抑郁的程度，然而明达却毫不知情。一天晚上，明达回家的时候突然发现家里空空如也，杜梅不在家，孩子也不在家。往日这个生机勃勃的家突然之间变得死气沉沉，明达在茶几上看到了杜梅留下的信。杜梅倾诉了自己的苦闷，说不愿意再继续这样的生活，与其这样，不如自己一个人带孩子生活，至少不用每天晚上煎熬地等待他的归来。明达的心中不由得震颤了，他这才意识到自己已经忽略妻子和孩子太久了。尽管他说自己工作的动力就是为了给妻子孩子更幸福的生活，但是却无意间深深地伤害了妻子的心，也错过了孩子成长的过程。明达请了年假，到千里之外杜梅的家乡去寻找杜梅和孩子。在那个偏僻的云南乡村，明达第一次静下心来观看日出和日落，认真地陪伴孩子玩乐，他突然发现，这种生活简直是太美好了。明达发自内心地改变了，他向杜梅承诺，回到北京以后马上就换一份工作，确保每天能够按时回家，周末的时候可以陪伴妻儿。

生活改变之后，明达发现自己的整个人生都不同了。以前的他整日步履匆匆，甚至从来没有陪伴妻儿去过一次公园。然而，如今的他每天都要陪伴孩子一起入睡，给孩子讲故事，周末的时候一家人其乐融融地四处游玩。虽然收入比以前少了，但是明达觉得这种生活简直是太幸福了，内心的满足感是无法言说的。明达很庆幸，是杜梅的离开使他找到了人生的方向，他简直不敢想象假如之前的那种生活持续下去，他将会错失多少生命的美好。

宽心策略

生活的方式有很多种，然而最终的目的却是相同的，即享受生命的美好。这就像是如今的人们经常讨论的一个问题一样，如何协调工作与生活之间的关系？首先，我们必须认识到生活是本质，而工作则只是拥有美好生活的一个手段。这样想来，假如因为忙碌的工作而无暇体悟生活的美好，那么这样的工作就是没有意义的。现代社会的生活节奏越来越快，人们的生活压力也越来越大，很多人因为忙于工作而不顾惜自己的身体，不关心自己的家人，得到与失去，孰多孰少呢？这其中的利弊我们必须用心权衡，毕竟，工作的目的在于更好地生活。不妨停下来，气定神闲地享受美好的人生，感悟生活的美好。

你是你人生唯一的主角，要为自己而活

在生活中，很多时候，我们过于在意别人的看法和感受，而忽略了自己的需要。这样的人生难免过于委屈，使人无法真实地做自己。其实，别人对你的评价只是一种建议和参考，不应让它影响和决定你的人生。要知道，活着并不是为了别人，而是为了自己。如果一个人匆匆忙忙地过完了一生，但是却发现自己始终生活在别人的手掌心中，那将会是一种怎样的感受？肯定会有很多遗憾，发现自己想做的事情都没有做，因而感叹自己白活了。

每个人都要有自己的思想，要坚定地做最真实的自己。很多人过于在意别人的评价，导致自己的心情或阴或晴，总是随着别人的点评而改变。有些人过于在意亲人和爱人，一切都以他们的需要为出发点，变得唯唯诺诺，失去了自己的主见。有的人忙于工作，为了得到领导的好评，忍辱负重，艰难前行。也许直到生命的最后一刻他们才能意识到，别人的评价什么都不是，家人和爱人的需要也未必是非满足不可的，领导的评价更是过眼烟云，而没有做真实的自己的遗憾却是实实在在地存在着。然而，为时晚矣。这就要求我们要在拥有生命的时候坚定地做自己想做的事情，爱自己最爱的人，为了生活得更加幸福而努力工作，而并非为了领导一句随口的表扬。其实，不管是家人、爱人还是朋友，终究都是我们生命中的过客，每个人的一生都需要自己坚持走完。那么，在生死面前，我们必须对自己有个交代，使自己感觉到人世间的这趟旅程是值得的。

上帝创造了三个完全不同的人。他问第一个人：“到了人世间，你计划如何度过一生？”第一个人沉思片刻，说：“我要充分利用生命去享受。”

他又问第二个人：“到了人世间你计划如何度过一生？”第二个人想了想，说：“我要充分利用生命去创造。”

上帝又用同样的问题问第三个人：“到了人世间，你计划如何度过一生？”第三个人非常慎重，想了很长时间，才回答说：“我既要享受人生又要创造人生。”

在上帝的评分标准之下，第一个人和第二个人都只得了60分，算是勉强及格，不过，上帝却非常慷慨地给第三个人打了100分，他觉得第三个人创造和享受兼顾，是最完美的人。为此，他决定多多创造一些和“第三个人”属于同类型的人去世间。

第一个人的占有欲和破坏欲很强，在世间为非作歹，无恶不作。为了拥有更多的金钱去享受生活，他不择手段，拥有了无数的财富，生活非常奢靡。最终，因为作恶太多，他得到了应有的惩罚，在人们的鄙视和啐骂之中离开了人世。

第二个人具有奉献精神，因此，总是不遗余力地拯救那些堕落的人们，帮助那些需要帮助的人们。虽然付出了很多，但是他却从来不要求别人回报他。为了追求真理，他背负了很多误解，甚至不惜付出自己的生命，人们都非常尊重和敬仰他。在人们的赞美声中，他离开人间，永远活在人们的心里。

第三个人非常普通，他是一个中庸者。他来到人世间之后表现平平，丝毫不引人注意。他像大多数人一样建立了属于自己的家庭，过着充实而又忙碌的生活。在离开这个世界的时候，他的亲人们悲痛欲绝，而大多数人则过着自己的生活。

人类为第一个人打了0分，为第二个人打了100分，为第三个人打了60分。这个分数，才是他们的真正得分。

从表面上看来，所有人好像都可以归入这三种类型之中。但是，对于这三种人，上帝的打分和人类的打分却完全不同。因此，人类说：“这是上帝的失误！”遗憾的是，人类却无法听到上帝的回答。对于这个现象，他们不得不给自己一个合理的解释，即人要为自己活，而无须在乎上帝的标准。

宽心策略

在这个故事中，上帝其实也指代生活中的其他人，而相比之下，每个人对

于自己的评价才是最重要的。毕竟，我们内心深处对于生活的感受是别人所无法左右和控制的，在离开这个世界的时候，我们唯一需要做的就是给自己交出一份满意的答卷。至于其他的事情，则留待后人评说。

幸福生活的首要标准就是适合自己

对于生活，每个人都有无限的憧憬，希望自己能够像王孙贵族一样应有尽有，无需为生计而奔波忙碌。然而，也有些人放弃了原本富贵的生活，甘愿成为创二代，一切重新开始，体现自己人生的价值。孰对孰错？没有答案。对于生活，每个人都有着不同的希望和渴求，因此，评判生活的标准并不是唯一的，而幸福与否关键在于每个人内心的感受。有人觉得住大房子就是幸福，有人觉得只要和爱人长相厮守就是幸福，有人觉得金钱和权势才是最重要的，有人却恨不得找到一个偏僻的人迹罕至的乡村隐居，过那种世外桃源的恬淡生活。这些生活精彩纷呈，各有优劣，每个人都有不同的选择。然而，幸福的唯一标准是，要适合自己，使自己精神充实，心灵放松。就像前文所说的，合适的才是最好的。以婚姻为例，人们喜欢用鞋子来比喻婚姻，因为鞋子是否合脚只有自己知道。可以想象，假如我们穿着一双华丽的水晶鞋行走将引来多少女人艳羡的目光，然而，假如我们脚上因为这双中看而不中用的水晶鞋长满血泡，那么，我们的内心将会多么痛苦，我们的身体将会多么备受煎熬。出于这个原因，有人选择穿着适脚的布鞋或者是运动鞋，虽然普通，但是却能够使双脚舒适地跋山涉水。由此可见，幸福生活的首要标准就是适合自己。

现代社会，人心越来越浮躁，在寻找人生伴侣的时候，很多年轻漂亮的女人因为爱慕浮华，选择嫁给年老体衰的富豪，其中的辛酸怕只有自己知道。在江苏卫视《非诚勿扰》的舞台上，曾经有一名女嘉宾当众说“宁愿坐在宝马车里哭，也不愿意坐在自行车上笑”，不得不说，这种价值观是扭曲的。这种虚荣还体现在找工作的时候。很多大学毕业生在找工作的时候都好高骛远，尤其是想成为白领的年轻女性，她们宁愿每个月拿着和超市收银员差不多高的工资出入写字楼，也不愿意从事那些虽然不那么体面但是凭着努力就能改变生活的工作。这种生活真的适合她们吗？也许她们从来没有想过这个问题。要想使人们都能过上适合自己的生活，首先要改变虚荣心理。中国人尤其爱面子，很多人为了虚荣打肿脸充胖子，殊不知，这样的做法最终害了自己。不管是生活还是工作，都必须适合自己，这样才能够使自己获得真正的幸福。

如今，玛丽面临着人生的抉择。她即将大学毕业，正在找工作。经过几个月的奔波之后，她最终得到了两个工作机会。一个是在一家世界五百强企业担任文秘，典型的白领生活，出入高档写字楼，有机会和来自世界各国的客户一起交流。另外一个机会是在一家小型私人企业担任总经理助理的工作，工作内容比较繁杂，但是可以锻炼玛丽的能力。而且这家企业的发展前景很好，作为总经理助理，玛丽无疑拥有很高的起点和发展潜力。最重要的是，这家企业是真心聘请玛丽的，给予了很高的薪水，总经理很真诚地邀请玛丽和企业一起成长。玛丽非常纠结，她不知道自己是应该选择去更体面的世界五百强企业担任秘书，还是去这家民营企业担任总经理助理。在左思右想之中，尽管玛丽心里隐约意识到民营企业也许更加适合自己比较强的个性，但是因为虚荣，她还是选择去了世界五百强企业。玛丽把好朋友露西介绍给了这家民营企业，露西很高兴地去报到了。

一年之后，玛丽依然是个小小的秘书，因为世界五百强的企业里人才济济，很难崭露头角。而露西呢？在民营企业中如鱼得水，因为出色的表现，很多时候都被总经理授权独当一面，简直与毕业的时候不可同日而语。看着春风得意的露西，玛丽非常后悔。因为虚荣，她没有选择最适合自己的生活，而是选择了一个外表看起来光鲜的生活，最终耽误了自己的发展。

在考虑问题的时候，很多人都把别人的看法放在第一位，这其实是错误的。要知道，每个人都有自己的生活，即使你再怎么完美和成功，也难免会被人评说，正所谓，谁人背后无人说，谁人背后不说人。既然如此，我们还有必要处处在乎别人的看法吗？要想对自己负责，首先要从自身的角度看待问题，合理地解决问题，这样才能使自己生活得更好。玛丽当初假如选择去民营企业，那么不仅位高权重，而且能够使自己得到更多的历练，迅速成长起来。

宽心策略

不仅工作如此，生活中的很多问题都是同样的道理。在选择的时候，我们必须首先考虑自身的需要，看看哪种方案更加适合自己。只有这样，才能够生活得更加幸福。外面的光鲜亮丽是没有用的，重点在于内心的真实感受。

心态决定你将拥有怎样的人生

一位名人曾经说过，心态决定人生。作为闻名于世的大文豪，巴尔扎克也曾经说过，“苦难是人生最好的老师”。其实，巴尔扎克的目的并非是为了让所有人都去品尝生活中的苦难，而是想要提醒人们，当遭遇生活的坎坷和挫折的时候，应该平衡心态，正确对待生活的艰难，保持积极乐观的心境，这样才能把苦难当成是生活最好的老师，从中汲取经验和教训。面对困难，假如你一蹶不振、失望沮丧，那么你将很难鼓起勇气战胜困难，因为你的内心已经放弃了。相比之下，假如你积极乐观，坚强勇敢，那么即使是再大的困难，也将成为磨砺你的一种力量。

从某种意义上来说，心态的形成其实取决于自身的感受。一千个人的眼中就有一千个哈姆雷特，因为眼光的不同，每个人眼中的世界也是截然不同的。对于乐观的人而言，即使是阴雨天气，也是值得庆幸的，因为植物将会得到滋润；对于悲观的人而言，即使艳阳高照也是沮丧的，因为灼热的阳光使人无处躲藏。《红楼梦》中的林黛玉看到落花也要哭泣，最终落得个病死的下场。假如她能有薛宝钗一半的坚强，结局必定有所改变。由此可见，你想要看到怎样的世界，首先应该使自己拥有怎样的心态，因为心态决定了你眼中的世界，进而决定你拥有怎样的人生。

在一次常规体检中，约翰被诊断是肝癌晚期，几乎无药可救。在医院治疗了一段时间之后，约翰觉得自己的身体非但没有好转，反而日渐衰弱。有一天，他突然想起自己年轻时代的梦想，即周游世界。为此，他马上办理了出院手续，并且为自己准备了一口棺材，带着棺材开始周游世界。他叮嘱自己所乘坐的船只的船长，假如他途中不幸去世，就把他放在棺材中，投入大海。安排好身后事之后，约翰开始无忧无虑地欣赏旅途的风光，然而，几天过去了，十几天过去了，一个月过去了……约翰觉得自己逐渐有了力气，比在医院的感觉好多了。因为死期不远，他什么都不计较了，看待一切事物都带着欣赏的眼光，对人也非常和善。当经过一年多的航行回到家的时候，约翰非但没有用上随身携带的棺材，反而变得像水手一样强健。经过全面检查发现，约翰身体里的癌细胞非但没有扩散，反而减少了很多，病灶得到了有效的控制。就这样，约翰抱着活一天就赚一天的心态，又平安地生活了很多年。

相比起约翰来，琼斯就没有那么幸运了。琼斯是一个心胸狭隘的女生，她总是因为各种各样的小事情生气，甚至大发脾气。同样是在体检的过程中，琼斯被诊断得了宫颈癌。其实，宫颈癌早期发现治愈率很高，但是琼斯自从得知自己得了癌症之后就惶惶不可终日，每天都提心吊胆，以泪洗面。尽管家人和朋友再三劝说她要放松心情，但是医生却发现她的癌细胞扩散得非常快，简直无法控制。尽管进行了常规的切除手术，但是不到两年的时间里，琼斯身体的其他部位就出现了癌细胞，最终失去了宝贵的生命。

面对癌症，选择微笑坦然面对的约翰获得了新生，而琼斯则因为自己的恐惧失去了生命。这就是心态的力量！心态不仅能够影响人们的精神，而且还能影响人们的身体健康。很多医学专家指出癌症是一种心因性疾病，很大程度上是因为心情压抑的原因导致的，因此，在与癌症抗争的过程中，情绪是一种非常有影响力的因素。

宽心策略

在生活中，在工作中，在处理很多事情的时候，心态都能够发挥强大的力量，使人们的未来发生巨大的改变。虽然我们无法控制意外的出现，也无法违抗自然规律，但是我们却可以努力使自己形成积极乐观的心态。马上行动起来吧，要想拥有美好的未来，就要使自己具备健康的心态！

化解恩怨，敌人也可以成为朋友

英国首相丘吉尔曾经说过，“没有永远的朋友，也没有永远的敌人，只有永远的利益”。在经济多元化发展的今天，除了国与国之间，人与人之间也讲究外交，人们更是尊奉这句话。俗话说，多个朋友多条路，多个冤家多堵墙。在现实生活中，很多事情都是无法预测的，人们难免会遇到一些意外，此时，倘若能够得到朋友的帮助，自然会雪中送炭，锦上添花，但是如果被敌人背后下刀子，则会使事情更加恶化，甚至酿成恶果。因此，在人际交往的过程中，我们千万不要轻易树敌，在利益关系面前，即使是敌人，也应该借机化解恩怨，成为朋友。如此一来，不异于给自己拆了一堵墙，添了一道阳光大路。

人是群居动物，也是感情动物，可以说，任何人都有自己的朋友，否则就太孤独了。随着社会的发展，国与国之间的分工合作越来越密切，交往越来越频繁，人与人之间也需要不断合作。孤军奋战是无法获得成功的，只有与别人通力协作，才能距离成功越来越近。

在莫斯科红场上，55个国家的政要曾经齐聚一堂，举行了一场隆重而又沉重的聚会。在会场上，人们想起了60年前后方妻儿绝望的呜咽和前方士兵凄厉的嚎叫，眼前浮现出60年前遍布全球的惨绝人寰的战争场景。

那场战争不仅使60多个国家、全世界80%的人口都卷了进来，而且导致5500万人死亡，成为整个人类文明史上永远的耻辱。为了重建一个和谐的整体世界，各个国家都参与了这场沉重的纪念活动，不仅是为了谴责罪恶，也是为了反思历史，更是为了更好地友好相处。不仅战胜国参加了，战败国也参加了，面对世界一体化的现代局势，各个国家之间摒弃前嫌，再次展开合作。在共同的利益面前，他们从敌人变成了朋友，或者至少是一个合作的伙伴。

尽管战争的爆发是由很多因素导致的，但是有一点是确定的，既没有任何民族天生就是侵略者，也没有任何国家天生就是受害者。在两次世界大战中，意大利曾经进行了角色转换。意大利经过一段时期的辉煌之后，在20世纪初沦为“贫穷的帝国主义”，为此，他们想方设法地想要扭转败局，最终为墨索里尼法西斯上台提供了条件，使意大利成为“二战”中的法西斯轴心国之一。此外，还有以希特勒为代表的纳粹德国，也给世界人民带来了深重的灾难，使无数人饱受战争之苦。

然而，尽管曾经在“二战”中打得头破血流，但是，“二战”之后，欧洲战胜国还是采取了很多策略，最终促成了如今新欧洲和平共处的局面。1947

年，英国首相丘吉尔在回答统一欧洲的问题时说："我们的目的在于促成所有欧洲国家的团结。任何国家，只要它的领土在欧洲，只要它能够保证自己的人民获得基本人权和自由，就是我们所欢迎的。"事实证明，"二战"后，整个欧洲的人民完美演绎了对意大利和德国的宽容，做到了和解与共同发展。

60年的时间过去了，世界仍然面临新着很多新的挑战，危机重重，要想维护和平，必须拥有智慧和包容的精神。经济全球化使世界的居民们更清晰地看到一个亲密接触的网络，一个和解、合作与互利的美好未来，要想实现这一点，必须实现宽容与对话、平等与互利。在全球合作日益频繁的现代社会，在国际政治中，正如丘吉尔曾经说的，只有永远的利益，没有永远的敌人。

宽心策略

如今是和平时代，战争带给整个人类的痛苦还记忆犹新。要想实现世界的和平发展，各个国家之间就要包容和理解，即使是曾经敌对的国家，也要尽释前嫌，实现平等的合作。

人际交往也是如此，恨别人并不相当于惩罚别人，但是恨别人却堵住了自己的一条路。与其选择与别人为敌，不如选择与别人为友，毕竟双赢才是我们愿意看到的局面。

每个人都应该拥有多一次的机会

在别人犯了错误的时候，我们往往本能地去指责别人，然而，这样做的结果总是事与愿违，对方非但没有任何好转，反而因为不服气、因为叛逆而更加变本加厉。其实，要想使人们改变，并非只有指责这一种方式，有的时候，反其道而行之，宽容反而能够起到更好的效果。从某种意义上来说，宽容是一种无声的教育，就像春雨一样滋润人们的心田，使人们心甘情愿地改变自己。这是为什么呢？每个人都有自尊心，对于自尊心比较强的人来说，指责会使他们觉得颜面尽失，甚至产生破罐子破摔的想法，如此一来，自然也就不会让指责他们的人如愿以偿了。相比之下，对于他们而言，面子问题是很重要的，宽容恰好迎合了他们的心理，给予了他们一个主动改正错误的机会。既然如此，何乐而不为呢？

人是感情动物，宽容是人类最美好的感情之一。只有以宽容的方式，人们才能够从心底改变别人，使人心甘情愿地改过自新。这是指责和惩罚的手段所远远不及的。“唯宽可以得人”，宽容不仅是给别人留面子，也是给自己留下回旋的余地。在宽容别人的同时，你自己也能够有更多的空间处理事情，而不至于把自己和别人都逼入无法转身的死角。因为你的宽容，在某些时候，别人也会以宽容来回报你，使你获得某种帮助。由此可见，宽容是一件对彼此都有好处的处理问题的方式。

心胸狭隘的人很难宽容地对待别人，所以，要想使自己具有宽容的美德，首先要使自己变得心胸开阔。古人云，宰相肚里能撑船，只有不与人斤斤计较，才能宽以待人。宽容使人与人之间多了一分理解，少了一分误会，多了一分和气，少了一分暴戾。

张琦是一名中学教师，脾气比较古怪，人称“张老邪”。不过，了解张老师的人都知道，他是一个面冷心热的人，虽然表面上待人冷冰冰的，其实非常真诚。作为老师，他总是做出一些出人意料的举动，给学生们的心灵带来极大的震撼。

一天晚自习的时候，张老师去班级里巡视。突然，他发现班级的垃圾篓里有一块吃剩了的面包。他让全班同学停止上自习，看着他，然后，他就从垃圾篓里捡起面包当着全班同学的面吃掉了。同学们全都瞠目结舌地看着他，不知道应该说什么，更不知道应该做什么。足足沉默了几分钟之久，班级里一个叫李英的同学哭了起来，主动站起来向老师承认错误，说自己不该浪费粮食。张老师吃完面包静静地看着同学们，在李英同学主动承认错误之后，他一句话也没说就离开了教师。自从发生这件事情之后，同学们惊讶地发现，再也没有人浪费粮食了。同学们把没有吃完的零食包裹好，等到饿了的时候再吃。

某一日的晚上，方丈在禅院里散步的时候，无意之间发现墙角边有一张椅子。方丈知道，肯定是小和尚违反寺归偷偷溜出去玩了。不过，方丈没有声张，他移开椅子，自己蹲在远处等这个小和尚回来。凌晨时分，一个小和尚急急忙忙地翻墙而过，突然，他觉得自己脚底下软软的，根本不像是坚硬的椅子。

当他双脚落地的时候，才发现自己刚才踏的不是椅子，而是方丈的后背。小和尚手足无措，但是方丈却关切地说："天很晚了，赶紧去休息吧！"次日，小和尚提心吊胆。但是，几天的时间过去了，方丈还是什么也没有说。从此之后，小和尚再也不偷偷跑出去玩了，他发奋努力，成为了方丈的接班人。

在第一个事例中，虽然张老师一句话都没有说，但是却以自己的言传身教和宽容给学生们上了深刻的一课，不仅在自己的班级里引起了轰动，甚至传遍了全校，使全校的同学都受到了教育。这种无声的教育，远远比一次次地批评和指责学生效果更好。在第二个事例中，方丈的宽容大度使小和尚更加深刻地反思了自己，从而主动改正错误，发奋努力。由此可见，宽容是一种无声的教育，而且宽容的力量远远比指责和批评更加强大。

宽心策略

在人际交往中，在亲人之间、朋友之间、爱人之间，宽容的态度都比严厉的责罚更能让人发自内心地改悔，从而产生震撼人心的力量。

第15章

宽心是一种容纳：做一个宽厚包容的管理者

中国有句俗话说“宰相肚里能撑船”，这句话意思并不是说人人都能当宰相，而是告诉人们要培养这种胸怀和气量。胸怀宽广才能包容万物，才能容得下天下。宽厚是一个人最大的天赋，管理者在与人相处的过程中，必须明白管人先要容人的道理，这样才能同各种各样的人友好相处，增进人际关系的和谐，获得更大的成就。

以德服人，成为一个品德高尚的管理者

崇尚道德是中华民族的优秀传统。道德是维系社会有序运行发展的基本准则，道德体系的建立是人类社会由野蛮、蒙昧走向文明的重要标志。道德是社会的良心，德行天下则社会健康，道德不彰则社会混乱。中华民族是礼仪之邦，尚德是中华民族最为优秀的文化传统。“德”在中国历史发展的不同阶段，被不同时代的思想者赋予了不同的价值内涵，但其精神内核与基本的价值判断却是一脉相承。

道德是一个人，一个民族，一个国家的灵魂。比如说一个博士生，有着渊博的知识，过人的能力，但是他没有道德，做一些坏事，那么这个人和其他的犯罪者相比对人类更加危险。再比如，一个国家，一个民族，没有基本的道德，则无法得到其他国家的认可，也无法在世界立足。不管是一个人，还是一个国家，一个民族，如果没有基本的道德，即使很强大，别人对你只是表面顺从，心里则充满无限的厌恶。对于管理者来说，品德尤为重要，要想更好地管理他人，就必须要懂得修德、修誉，做一个德高望重、受人爱戴的好领导。

有这样一个故事，至今还给人们带来很大的启发意义。

1835年，当约瑟·摩根先生成为一家名为“伊特纳火灾”的小保险公司的股东后不久，一位伊特纳火灾保险公司的保户家里发生了火灾，按照规定，保

险公司必须给付理赔金。可是，如果完全付清理赔金，保险公司就会破产。不少投资者显然没有经历过这样的事件，个个惊慌失措，愿意自动放弃他们的股份，因为他们不愿承担掏钱赔偿投保人的损失，纷纷要求退股。摩根先生再三斟酌之后，认为自己的信誉比金钱重要。于是，他四处筹款并卖掉自己的房地产，然后将理赔金如数付给保户。

一时间伊特纳火灾保险公司声名大噪。几乎身无分文的摩根先生还清了保险公司所有人的股份，但保险公司已经濒临破产。无奈之下，他打出广告，凡是再投保伊特纳火灾保险公司的客户，理赔金一律加倍给付。他没有料到的是，没多久，指名投保火险的客户蜂拥而至，伊特纳火灾保险公司从此崛起。结果，摩根不仅为公司赚取了利润，也赢得了信用资产。信用资产不仅让自己终身受用，甚至可以让后代子孙来继承。

许多年后，J. P. 摩根主宰了美国华尔街金融帝国，而当年的约瑟·摩根先生正是他的祖父，是美国亿万富翁摩根家族的创始人。纽约大火烧出来的信用，后来成了摩根家族的遗传基因世代相传，传到J. P. 摩根身上时，他将其发展成一套基本的经营哲学和人生哲学，从而也建造起他的金融帝国。成就摩根家族的并不仅是一场火灾，而是比金钱更有价值的“信誉”。大女婿沙特利在日记中记载了J. P. 摩根生前最后一次为众议院银行货币委员会所做的证词，他的核心证词只有两个字：“信用！”看来，它已经传到了下一代手中，只要摩根帝国还在，就会传承下去；一旦失传了，帝国的大厦也将顷刻倾塌。摩根就是一个道德高尚的人。

这就是诚信，这就是道德的力量，这也是我们做人首先应该记住的。管理者讲求业绩是好事，但是切记不要丢失了诚信的品德，这样才能服人，才能赢取最大的利益。我国伟大的教育家陶行知先生曾经说过：“因为道德是做人的根本。根本一坏，纵然使你有一些学问和本领，也无甚用处。”莎士比亚曾说：“道德和才艺是远胜于富贵的资产，堕落的子孙可以把贵显的门第败坏，把巨富的财产荡毁，可是道德和才艺，却可以使一个凡人成为神明。”是的，加强道德修养，让心胸更加的宽广，管理者才能更收获更多的人心。

宽心策略

第一是个人修为，人品一定要正直，做人一定要诚信，“心胸”一定要宽广，这是一个下属愿意跟着这个管理者的首要条件，所谓的“以德服人”就是这样的；

第二态度要端正，积极向上，如果连管理者都没有良好的精神状态，团队氛围就会死气沉沉，下属更不愿意在这样的团队中成长；

第三要以身作则，起好带头作用，下属做事是看领导如何做，如果作为管理者，能够从自身严格要求自己，那么下属没有任何理由不去努力做事；

第四敢于承担责任，下属犯错，勇于承担，勇于承担责任更能体现管理者的胸怀。

关爱基层，亲和力让你获得更多的认同

对于管理者来说，贴近基层，讲究亲和力在当今管理中变得越来越重要。亲和力也是领导者心胸宽广，热爱员工的表现。只有关爱下属，才会得到更多的认同。缺少认同，寸步难行，认同是管理的基础。所谓认同，也就是人发自内心地从心里承认你，拥戴你，追随你。现在企业的员工越来越年轻，文化层次越来越高，更愿意自觉地追随你，认同你，而不喜欢处处被命令、控制与要求，认同在现代企业管理中显得越来越重要。因此，一个好的领导首先要做到

亲民，让自己的胸怀变得更加开阔，去热爱自己的员工，贴近基层，这样你的道路才会更加宽广。

拿破仑一生英雄，可是却败在滑铁卢，打败拿破仑的是英国将军威灵顿。威灵顿一生善于指挥，精于部署，善于埋伏，在军事史上的地位不及拿破仑，但也可以称为一代名将。一天下午，威灵顿不小心掉到河里去了，不知名的士兵冒着生命危险把这位将军救上岸来。威灵顿当然感谢这位士兵，就对士兵说："你要谢礼我就给你谢礼，你有要求我就满足你的要求，请说吧！"士兵说："将军，这些我都不要。我小小的要求就是，亲爱的将军，请你千万不要把我救你的事告诉别人啊！"威灵顿误以为他要当无名英雄，就说此事不必保密，要大张旗鼓地宣传和嘉奖士兵。这位士兵说出了心里的真话："将军，对不起，别人知道是我救了你，就会毫不犹豫地把我扔进河里，士兵恨你，并不认同你。"

还有一个例子也很好地证明了基层民众对上层建设的重要意义。

大家也许知道，从1992年开始，美国前副总统戈尔在克林顿总统麾下担任了8年之久的副总统，在任职期间政绩颇有口碑，信息高速公路就是他推进的。但是，他在2000年总统大选中得票比布什多出500万张，却在佛罗里达州的重新点票和最高法院的裁决中败给了布什，为什么？就是因为美国人认为他个人魅力不足，缺少亲和力。这就是典型的缺乏基层民众基础的例子。

威灵顿将军和士兵的关系不好，缺少亲和力，士兵们知道将军的威严，知道将军的军事天才，可是士兵们未必就真正拥戴他。副总统没有建设好自己的政治基础，缺乏与民众的亲和力，美国人民知道他的良好政绩，知道他的领导才干，可是民众也是没有选择跟从他的领导。在现代管理中，亲和力将成为一个突出的话题。认同是管理的基础，权力最早来源于暴力，后来来源于财力，现代则来源于个人能力和魅力。认同是管理的基础，也是管理创新的一个有效的途径。管理者、经理人提高自身的亲和力，宽容待人，将会使我们的管理收到意想不到的效果。

对于任何人来讲，只有你的内心容得下世界，世界才会更好地接纳你。心有多大，世界就有多大。管理者尤为如此。

领导的亲和力非常重要，具有亲和力的领导更能带领他的团队一起认真、默契地工作，并能取得显著的成果；而缺乏亲和力的领导，常以权威及刻板的态度去要求下属。有亲和力的领导干部，与群众说话像拉家常，为群众办事像对待家人，没有官腔，没有敷衍，积极主动地与群众交流、帮群众办事，即便有些事情一时办不了、办不好，也绝不说绝话，更不说伤人话，而是如实把事情原委讲清楚，以求得到群众的理解和谅解。在生活中我们经常可以见到这样的现象：有的领导干部虽然调离原单位或退居二线了，但他的名字还常挂在群众嘴边，他亲民乐群的事迹仍为人们津津乐道；有的领导干部虽然每天都和群众打交道，不断向群众发号施令，群众却茫然漠然，像没看见、没听见一样。这就是有无亲和力的差别。领导干部有亲和力，群众就愿意接近你、靠拢你，向你倾诉衷肠，为你出谋划策。

宽心策略

贴近基层，做一个亲民的领导主要包括以下几点：

一要在“亲”字上下功夫。要能放下架子，要能把自己当成群众的一员，与职工群众推心置腹地多交流、多沟通；把职工当亲人，处处关心职工的生活冷暖。当职工的工作、学习遇到挫折时，要主动帮其查找原因，助其寻找解决的办法，使其尽快找回自信、走出逆境；当职工的生活遭遇困境时，要尽己所能帮其渡过难关，增强亲和力，能起到润物细无声的作用。

二要在“和”字上做文章。家和万事兴。这就要求领导们待人处事要坚持以人为本，以和为贵，多人性化一点；要多看到职工的长处，多想想群众的难处，就是指责批评，也要注意场合，讲究方式，态度温和一点；平时多讲暖人心的话，多做得人心的事，不错过任何对职工褒奖的机会；做到以真诚之心面对他人的成绩与成长，以宽容之心对待职工的错误与过失。

三要在“谦”字上显修养。谦让是一种胸怀。有时为了工作难免意见不统一，甚至于还相互争辩几句，只要不是原则问题，就不必斤斤计较，退一步海阔天空。谦让是一种美德。取得成绩时，能戒骄戒躁，不喜形于色；遇到问题时，能勇担责任，不推三扯四；遭到误解时，能沉着淡定，不乱“方寸”；受到挫折时，能坦然自若，不怨天尤人。谦让是一种智慧。能以虚心的态度学习和吸取别人有益的经验，从而提高自己，避免浅薄无知，做到谦虚为怀，谦和为人，谦让从事，让人感到可亲、可敬。

有海纳百川的胸怀，管理者要懂得尊重差异

“世界上没有两片相同的叶子”，人与人之间总是存在着些许的差异。正如那句广告语所说“装得下，世界就是你的”，只要你的内心足够宽广，足够包容，你就能接受更多，得到的也会更多。世界不是因你一个人而转，管理者要学会尊重差异，包容个性，这样才会取得成效。

“异”，是指人与人存在着差别，一个人（员工）在其发展的不同阶段也存在着差别。当下的领导者要正视差异，尊重差异，将差异看成资源。

在一个相当长的时期内，人们认为个体是没有差异的，因此就强调要以制度化、规范化、标准化进行管理。现实教育了人们，于是，在管理上产生了一种新的认知，即认识到个体之间是有差异的。承认个体有差异，意味着管理就要因人而异。例如，企业对人的选拔、聘用就是承认差异。

承认差异，就要承认人的秉性、能力方面的差异，承认利益方面的差异。

当下，市场竞争越来越激烈，企业面对的不确定性因素也来越多，企业组织中个体的差异对组织的生存和发展不仅不是无关紧要的，而是极为重要的。因为，从理论上说，差异可以互补，可以相互启发，可以打破原先习惯的路径

依赖，可以产生不同的新见解和新思想，找到改善的新路径。大千世界丰富多彩，找不到完全相同的两片叶子，也找不到完全相同的人，如果领导者希望把队伍壮大，人多是必然的，而人与人之间的差异性就会增大，因此，领导者要把平台做大，就要接纳员工的多样化与差异化。

从理论上说，人们喜欢与他们相似、行为一致的人为伴。因此，要接纳不同，确实需要克服自己的一些习惯，需要宽广的胸怀。

正反两面的例子都很多。国内某著名大学的A学院当年是由C系和B系合并组成的，院长由C系系主任担任。在工作中，该院长心胸狭窄，偏爱原先C系的教师和职工，不习惯、不喜欢原先B系教职员工的行为方式，尤其糟糕的是，他在分配上厚C薄B。开始大家只是有些不满意。但这位院长一直无法克服自己的弱点，不能接纳差异，不能一碗水端平，使得矛盾越来越激化。最后，这位管理者在B系老师的抗议声中不得不离开了院长位置。

国内另一著名大学与另一所著名大学合并，前者商学院吸收合并了后者的会计、统计系。但商学院院长胸怀宽广，海纳百川，对新旧员工一视同仁，而且从新来的会计系老师中重用了很多优秀的年轻教师，使新来的老师产生了很强的归属感，这极大地增加了老师们的认同感和积极性，结果是商学院的事业蒸蒸日上，院长也很快被提拔到更高的管理岗位上了。

此外，性格差异也是人的个性差异的一个重要组成部分。

性格是一个人个性的核心，它直接影响到人的行为方式，进而影响到人际关系及工作效率。因此，在管理工作中，根据人的不同性格采用不同的管理方式，是提高管理水平的重要手段。

脾气暴躁的人常与人结怨。这类员工容易情绪激动，怒气冲冲地到处“投诉”。作为他们的领导要首先让其坐下来，然后仔细聆听他们的意见，不要发言，因为他们在激动时所说的话往往是杂乱无章、未经组织的，让他们把事情的经过说完，宣泄完愤怒的情绪，处于相对冷静之中时，再表明你的处理方法。

对于自尊心极重，感情脆弱者。这类人多半是一些职位较低的年轻人，他们大部分刚踏出校门，对纷繁复杂、竞争激烈的社会不太适应。领导的几句提醒话，在他们耳中就像被老师当众责骂，心中极为不安，无形中产生一种压力，对工作丧失信心和兴趣，甚至产生跳槽的念头和行为。对待这类员工，说话时措辞必须小心谨慎。在批评他们工作中的问题时，必须多顾及他们的自尊心。同时应该让他们明白，在工作中发生错误，可能是多种原因造成的，不一定与个人能力有关。

对于善于表现，急功近利者更是需要一定的心胸去对待。下属中，总不乏雄心万丈、积极进取之人，甚至你能感觉到下属的目标直指你的职位，许多管理者因此而忌才。但是，对待这些急功近利者却不能忽视，因为这种人往往为了个人利益不择手段，影响其他员工的工作情绪和进度，造成人际关系紧张。与急于表现自己的下属沟通，切忌使用单刀直入法，免得让他产生你忌才的错觉，而不接受你提出的任何建议。

宽心策略

总之人的个性是多种类型而又相互交叉的，不胜枚举，这里只是几个典型而已。“海纳百川，有容乃大”，对于管理者来说，要拓宽心的宽度，接纳不同性质的人群。因为，如果你的心里只能容得下你所喜欢的类型，排斥其他不合你心意的人群，那么你的心的宽度也就是你管理的宽度。总之，学会不断磨合，容纳别人的与众不同，这样差异就会变成资源，从而让你的平台更加宽广。

对下属心怀宽容，讲究责备的艺术

对于管理者来说，要有一颗宽容的心去暖化感染自己的下属。可以多去帮助一下，教导一下，而不是一味地批评责罚，否则容易造成很多的麻烦。多一点善念少一点责备，这也不代表不责备，而是要把握好这个批评的力度。管理者要懂得把握好与下属之间的距离，可以避免过多的责备和过少的责备，因为前者会挫伤人们的信心，而后者无法激励人们充分发挥自己的潜力。因此，责备也是一门艺术。

在许多公司中，管理者总是尽量不去责备犯了错误的员工。在另外一些公司中，管理者动辄责备员工，这使得员工关心如何免于责备胜过关心如何提高业绩。在这种人人只求自保的组织中，“责备”可谓蒙受了不白之冤。

戴维·鲍德温曾经是美国职业棒球大联盟的一名投球手。他认为，责备也能成为一股强大的建设性力量。责备可以成为一种有效的教育手段，帮助人们避免重蹈覆辙。如果明智、谨慎地加以利用，在以宽容为主的情况下，适当的责备还能激励人们竭尽全力地工作，既保持自信又专注于目标。事实上，在该责备的时候责备，就可以产生非常积极的效果。关键是如何运用责备手段，因为这会影响到人们如何做出决定和完成任务，并且最终影响到组织的文化和特征。

鲍德温做了一项研究，调查了经理们在美国职业棒球大联盟中是如何作决定的。在这次调查过程中，有关责备的主题引起了他极大的兴趣：责备起什么作用？如何最有效地采用责备手段？根据自己在棒球场内外的细心观察，鲍德温总结出了有关责备的重要原则：知道何时该责备、何时不该责备。许多人不知道什么时候应当责备别人的错误，什么时候不应当求全责备。有经验的棒球队经理懂得，如果不能够以宽容的心去包容团队，让大家感受到自己对他们的宽恕与心意。

宽心策略

责人不如帮人，对待下属要多鼓励少责难。这样你的包容定能感化他们更加奋进，你的严厉责罚却将会激化更多的矛盾。所以，责备也是一种胸怀，也是一种艺术。

第一，批评要具体。没有人愿意接受不明不白的批评，所以管理者在对下属进行批评时一定要具体。管理者要让下属明白因什么事情受到批评，批评的原因又是什么。在批评时，管理者最好能与下属一起分析事情的原因，并找出正确的方法。有时下属会强调是由于其他客观的因素造成的后果，与他本人无关。遇到这种情况，管理者不应一概否定下属的观点，应该从多个方面帮助下属进行认真的分析，让下属弄清楚问题的关键在什么地方。要记住，批评的目的不是责备下属，而是让他明白如何将事情做好。

第二，批评必须是善意的。如果管理者的批评不是善意的，批评只能成为制造下属与管理者冲突的导火索。由于管理者可能长期对某位下属的工作不满，久而久之就会对这位下属产生个人看法，如果这种个人的成见在批评时暴露出来，会让下属怀疑管理者批评的动机。批评本身就不是一件愉快的事情，所以管理者应该注意自己在批评时的态度，即便有些个人成见，也应始终保持友善的气氛。

第三，批评必须客观公正。在批评之前，管理者最好能够对事件的过程进行认真而细致的调查。为了以防万一，在批评下属之前，应该让下属仔细地再将事情的经过复述一遍，并让他谈谈个人的看法。有时，你会通过下属的谈话发现一些你可能以前没有注意到的问题。如果这些问题没有得到解决，就不应该急于对下属进行批评。

另外，当事件涉及几位下属的时候。管理者应注意对相关的下属都要进行相应的批评，而不是仅仅只批评其中的一个。如果批评有失公平，会引起被批评下属的强烈不满，甚至会产生对管理者的不信任。

第四，小事避免批评。每个人都有自己的工作习惯和工作风格，管理者的批评应放在一些重大的事情或工作失误上，对一些小事吹毛求疵会让下属感觉非常不舒服，甚至觉得你斤斤计较，心胸狭隘。

学会放手，大胆激发员工的潜能

一个人的力量是有限的，一个团队的力量是无限的。所谓“人外有人，天外有天”，作为管理者来说，如果只知道握紧拳头，不懂得学会放手，博采众长，去容纳更多的人，那么这个团队也会越加的衰微，员工们也会丧失他们工作的积极性和对集体责任感。

下面几个故事将会告诉你怎样学会适当的放手，让员工做主人，来激发他们的积极性和责任感。

孔子的学生子贱有一次奉命担任某地方的官吏。他到任以后，却时常弹琴自娱，不管政事，可是他所管辖的地方却治理得井井有条，民兴业旺。这使那位卸任的官吏百思不得其解，因为他每天即使起早摸黑，从早忙到晚，也没有把地方治好。于是他请教子贱：“为什么你能治理得这么好？”子贱回答说：“你只靠自己的力量去进行，所以十分辛苦；而我却是借助别人的力量来完成任务。”

现代企业中的领导人，喜欢把一切事揽在身上，事必躬亲，管这管那，从来不放心把事情交给手下人去做，这样使他整天忙忙碌碌不说，还会被公司的大小事务搞得焦头烂额。

其实，一个聪明的领导人，应该像子贱那样，正确地利用部属的力量，发挥团队协作精神，不仅能使团队很快成熟起来，同时，也能减轻管理者的负担。

在公司的管理方面，要相信少就是多的道理：你抓得少些，反而收获就多了。放心地交给手下一些职权，那么他们也会为你的信任和心怀所感动。

南宋嘉熙年间，江西一带山民叛乱，身为吉州万安县令的黄炳调集了大批人马，严加守备。一天黎明前，探报来说，叛军即将杀到。

黄炳立即派巡尉率兵迎敌。巡尉问道，“士兵还没吃饭怎么打仗？”黄炳却胸有成竹地说：“你们尽管出发，早饭随后送到。”黄炳并没有开“空头支票”，他立刻带上一些差役，抬着竹箩木桶，沿着街市挨家挨户叫道：“知县老爷买饭来啦！”当时城内居民都在做早饭，听说知县亲自带人来买饭，便赶紧将刚烧好的饭端出来。黄炳命手下付足饭钱，将热气腾腾的米饭装进木桶就走。这样，士兵们既吃饱了肚子，又不耽误进军，打了一个大胜仗。

这个县令黄炳没有亲自捋袖做饭，也没有兴师动众劳民伤财，他只是借别人的力烧自己的饭。县令买饭之举算不上高明，看来平淡无奇，甚至有些荒唐，但却取得了很好的效果。

一个优秀的管理人员，不在于你多么会做具体的事务，因为一个人的力量毕竟是有限的，只有发动集体的力量才能战无不胜，攻无不克。管理人士尤其要注重加强培养自己驾驭人才的能力，知人善任，了解什么时候什么力量是自己可以利用以助自己取得成功的。

星巴克的创始人霍华德-舒尔茨曾说过：我一直相信只有员工的利益得到切实保障，股东的长期利益才能够得到保障。所以打造企业GTT，就是为了一个共同点，那就是乐于与员工分享蛋糕，而得到的回报是员工非常珍惜这份工作，以更高的热情和积极性投入工作中，管理成本也就低，企业又能把蛋糕做得更大，从而形成良性循环。

所以，从根本上讲，员工、企业和客户，这三方面是相互依存的，是一个需要协作的利益共同体，如果一名领导者、管理者只着眼于现在，看不到公司的长远发展，他就不会适当放手去让员工成为公司的主人，他也就不会和员工分享公司的利润，从而也就无法更好地调动员工为公司积极地工作，提升整体业绩，这是一种双输的局面。

四两拨千斤，聪明的人总会利用别人的力量获得成功。领导者最大的本事是发动别人做事。所以，做一个聪明的人，不仅可以收获人心，给人一个胸怀宽广的形象，也能发挥团队的积极性，利用大家的力量做事，从而取得更大的成就。

宽心策略

学会放手，把事情交给员工。让他们感觉自己是公司的一员，让他们心甘情愿地去为公司着想，这样才是更加和谐的管理之道、相处之道，才会使员工迸发出更多的激情和实力。

做情绪的主人，切忌冲动行事

做情绪的主人，就要记住这个永恒的秘诀：弱者任思绪控制行为，强者让行为控制思绪。人不可能永远处在好情绪之中，生活中既然有挫折、有烦恼，就会有消极的情绪。一个心理成熟的人，不是没有消极情绪的人，而是善于调节和控制自己情绪的人。因此，控制好自己的情绪，不让冲动等坏脾气扰乱自己，这本身也是一种很深的学问。

周宣王很喜欢观看斗鸡，他的门下有位专门驯养斗鸡的纪渻子。有一天，有人从外地送来一只很强壮的斗鸡，周宣王很高兴地将它交给纪渻子。过了几天，周宣王便问道："几天前交给你的斗鸡你训练得怎么样了？可以上场比斗了吗？"纪渻子说："还不可以，因为这只鸡血气方刚，斗志昂扬，还不宜上场。"再过几天，急性的周宣王又问同样的问题，纪渻子回答说："还不能上场。因为这只鸡看到其他鸡的影子就会冲动，所以还不能上场。"

又过了几天，周宣王再问。这回纪渻子便说："可以了！因为当它看到其他斗鸡，听到它们的声音时，一动不动，它的心已不受外物所动，就好像木鸡一样，现在可以上场了！"

于是，周宣王便用这只鸡去参加斗鸡比赛，它一上场就稳稳站立，毫无摆动，即使其他斗鸡在它身边百般挑衅，它仍然无动于衷，以眼睛注视对方，对方被吓得自然后退，没有一只鸡敢向它挑战。

对于管理者来说也是如此，我们要以宽容的心去对待每个人，不要动不动就心浮气躁，以为别人都在与我们作对。例如，当员工对我们提出意见或建议时，不要轻易动怒，应心平气和地聆听，有时则应大智若愚，发挥斗鸡的心理战术，以静制动，往往会取得意想不到的效果。

另外，一个有关林肯的故事也对人们如何控制自己的情绪问题提供了很好的解决方法。

一天，美国前陆军部长斯坦顿来到林肯那里，气呼呼地说一位少将用侮辱的话指责他偏袒一些人。林肯建议斯坦顿写一封内容尖刻的信回敬那家伙。

"可以狠狠地骂他一顿。"林肯说。斯坦顿立刻写了一封措辞强烈的信，然后拿给总统看。

"对了，对了。"林肯高声叫好，"要的就是这个！好好训他一顿，真写绝了，斯坦顿。"

但是当斯坦顿把信叠好装进信封里时，林肯却叫住他，问道："你干什么？"

"寄出去呀。"斯坦顿有些摸不着头脑了。

"不要胡闹。"林肯大声说，"这封信不能发，快把它扔到炉子里去。凡是生气时写的信，我都是这么处理的。这封信写得好，写的时候你已经解了气，现在感觉好多了吧，那么就请你把它烧掉，再写第二封信吧。"

管好下属的前提是管好自己，组织行为学上称为"自我监控能力"。上文中林肯控制情绪的方式不失为培养自我控制能力的一条有效途径。生气是一种负面情绪，人人都难以避免，但是要学会怎么去调控自己的情绪。要学习林肯那种处理方式，用文字发泄，而不是像斯坦顿那样冲动地把信寄出去，否则问题会变得越加复杂。

宽心策略

关于控制情绪，这里有几点还是值得借鉴和学习的。

第一，控制情绪要切记宽宏大度，克己让人。“心底无私天地宽”“宰相肚里能撑船”。有气度的人，胸襟开阔，奋发进取，具有团队协作精神；而气度小的人，则满腹幽怨，斤斤计较，弄至孤家寡人的地步。生活中喜乐悲忧都会有，所以，人人都要注重涵养，消除抑郁寡欢的心境和私心杂念，对易激怒自己的事情，要用旷达乐观、幽默大度的态度去应付，经得起挫折，能克己，不狭隘。这往往可以使紧张的局面变得比较轻松，使窘迫的气氛在幽默笑语中化解。

第二，可以进行放松训练。研究表明，失去自我控制或自制力减弱的情况，往往发生在紧张的心理状态中。当你感到紧张、难以自控时，可以进行些放松活动或按摩等来提高自控力。

第三，进行自我暗示和激励也能很好地调控情绪。自制力在很大程度上表现在自我暗示和激励等意念控制上。意念控制的方法有：在你从事紧张的活动之前，反复默念一些能够帮你树立信心，给人以力量的话，或用座右铭时时提醒激励自己；在面临困境或身临危险时，利用口头命令，如“要沉着、冷静”，以组织自身的心理活动，获得精神力量。

总之，请大家记住，心大一点，宽容一点，那么你的脾气就小一点，生活也就更加美好一点。

换位思考，站在下属的角度分析问题

倘若一个人心里只是装着自己，没有他人，事事自己周全，那么他还能得到他人的爱吗？人是群居的动物，一个人活在这个世界上必须有朋友，因此人们就要学会怎样去爱他人，包容他人，为他人着想。站在他人的角度来考虑，你会赢取更多的人心。

有一位少年去拜访一位长老，向他请教生活与成功之道："我怎样才能让自己得到幸福，同时又能带给别人快乐呢？"

长老看了看他说："我送你四句话，第一句话：把自己当成别人。"

少年想了想，说："在我感到痛苦忧伤的时候，把自己当成别人，痛苦就自然减轻了；当我欣喜若狂之时，把自己当成别人，那些狂喜也会变得平和一些，是这样的吗？"

长老点点头，说出了第二句话："把别人当成自己。"

"在别人不幸的时候，"少年皱着眉头道，"真正用心去同情别人的不幸，理解别人的难处，在别人需要的时候，及时地给予帮助。"

长老微微一笑，又说出一句话："把别人当成别人。"

少年说："你的意思是让我充分地尊重每个人的独立性，在任何情形下，都要根据别人特点和需要来调整自己的行为。"

"说得很好！"长老眼中流露出赞许的目光，说出了第四句话："把自己当成自己。"

想了一会儿，少年遗憾地说："这句话的意思，我一时还悟不出来。而且这四句话之间也有许多自相矛盾之处，我用什么才能把它们统一起来呢？"

"很简单，用一生的时间和经历。"长老说道。

少年沉思良久，叩谢而去。

无论穷困潦倒，还是春风得意，我们时刻都不要忘了换位思考，想想别人，反思自己。只有这样，我们才能用理解和宽容对待每一个人，才能把敌人变成朋友，把朋友变成手足。

在工作中，面对客户、同事、下属和上司，我们是否具备一种换位思考能力，时刻从他们的角度出发思索自己怎样去做呢？在做每一件事情的时候，我们是否都能够像关心自己和亲人一样去关心他们的利益、满足他们的需求呢？所有这些，都直接决定着我们工作的效率和业绩。只有具备了这样的能力，我们才能由己度人，做到“己所不欲，勿施于人”，才能由此及彼，达到知己知彼，百战不殆。

在世界著名的富翁摩根的一生中，曾经有过很多合作伙伴。在各行各业，争着想与他合伙做生意的人大有人在。可就在这样有利的情况下，摩根还是给每一个合作伙伴非常优厚的条件。在通常情况下，摩根和合作伙伴的利润分成都是四六分成，摩根四成，别人六成。

有位朋友向他建议：“既然有这么多人愿意和你合作，你拿六成也不过分！最少也要五五分成呀！”

摩根笑着答道：“我拿六成，没有多少人会和我合作；但我拿四成，几乎所有的人都抢着与我合作。单个看，我似乎吃了亏。但是，总体上看，我获得了多少个四成啊！”

宽心策略

对于管理者来说懂得为他人着想这一点尤为重要，我们都应该多站在对方的角度去考虑问题，多想想下属在想些什么、想得到什么、不想失去什么，然后制定自己的策略。只有这样，我们才能把握主动，因势利导，赢得人心，打开一扇扇通往成功的大门。

抓重点，胜于事事亲临

对于管理者来说，事事做得面面俱到，有着强烈的权力欲，无论何时都要亲临现场行使自己的权利，这真的好吗？也许很多领导牢牢地握住手里的权力不敢松懈，担心放权会让自己失去威信，于是会产生一系列的借口，例如事情离不开自己的指挥，下属能力还不够成熟等。因为他们有着“大丈夫不可一日无权”的观念，于是，何处有需要，就勇往直前奔赴前线，最终也是落得个疲惫不堪。

在很多团队中，有许多领导者对待自己的工作兢兢业业，有的甚至事无巨细，事必躬亲，全身心地扑在工作上，天天“两眼一睁，忙到熄灯”，但是作为一个领导者，如此的工作状态科学吗？健康吗？对团队的发展有利吗？

事实上，一个不愿授权、什么都干的领导者并不是一个真正优秀的领导者。抓住重要问题，适当交给下属一定的权力，或许你会减少更多的疲惫，得到更多支持与收获。

有一位表演大师上场前，他的弟子告诉他鞋带松了。大师点头致谢，蹲下来仔细系好。等到弟子转身后，又蹲下来将鞋带解松。有个旁观者看到了这一切，不解地问：“大师，您为什么又要将鞋带解松呢？”大师回答道：“因为我饰演的是一位劳累的旅者，长途跋涉让他的鞋带松开，可以通过这个细节表现他的劳累憔悴。”“那您为什么不直接告诉您的弟子呢？”“他能细心地发现我的鞋带松了，并且热心地告诉我，我一定要保护他这种热情的积极性，及时地给他鼓励，至于为什么要将鞋带解开，将来会有更多的机会教他表演，可以下一次再说啊。”

这件事有个启示就是：人一个时间只能做一件事，懂得抓重点，才是真正的人才。这也是我们领导干部所需要做到的。

作为领导者，领导工作要抓重点。

首先，作为领导者要抓住全盘工作的关键，抓住了主要矛盾，一切问题就迎刃而解；要总揽全局，要站在全局工作上抓重点，政策性、全局性的工作必须一揽到底，事务性、一般性的工作要放手；要抓提高工作效率的重要环节，有的干部工作上劲没少使，心没少费，可事与愿违，从早到晚忙忙碌碌，结果却是效果平平。究其原因，工作方法不对头，事必躬亲，胡子眉毛一把抓，处于被动的应付状态。

其次，在具体的工作中，要坚持几个原则：一是学会自我约束。善于自我约束是一种高超的领导艺术。领导者如果事无巨细，既会出现焦头烂额而顾此失彼，又影响了下属的积极性，甚至使下属产生领导不信任的想法。所以，领导者要充分信任下属，从繁忙的事务中解脱出来，自己集中精力管大事。二是要集中精力。美国管理学家杜拉克在《有效的管理》中指出：有效管理者做事必须首要的事情先做。由此可见，领导者应尽量不参与与己无关的小事，集中更多的时间，专心自己的事业，抓好全局性，政策性的大事。三是思路清晰，层次分明。科学的领导方法就是根据分级管理原则，各司其职，建立符合公司实际的组织机构，建立健全科学的岗位职责，具体事物通过部门得以落实。四是要会灵活授权。领导工作千头万绪，为突出工作重点，实行有效领导，就必须掌握灵活授权的领导艺术。充分信任下属在职权范围内独立处理问题的能力。对他们的工作除了进行必要的指导和检查以外，不要随意干涉，适时激发下属的自尊心和责任感，从而产生一种向心力，和谐一致的行动。五是要会合理安排。领导者安排工作时应根据轻重缓急依次排队，好像“弹钢琴”一样，如果10个指头一起按下去，就不成旋律，只有有轻有重、有急有缓、互相配合，才能产生美妙动听的乐曲。所以，在工作中要善于有机配合，平衡协调，才能使之有规律地运转。

宽心策略

领导者要学会抓工作重点，摸准事物客观规律，提高办事效率效能，产生好的业绩。领导者要学会教练下属，培养团队，学会激励下属，调动大家的积极性，学会授权，给下属责任和权力，使下属承担责任的同时成长得更快。

参考文献

[1]蔡业兰.细节做事，宽心做 人书[M].北京：华夏出版社，2011.

[2]何菲鹏.宽心做人舍得做事[M].北京：中国华侨出版社，2010.

[3]赵丽荣.宽心的人生幸福课[M].北京：新世界出版社，2011.

[4]申草泥.有一种心态叫宽心[M].北京：中国长安出版社，2014.